1.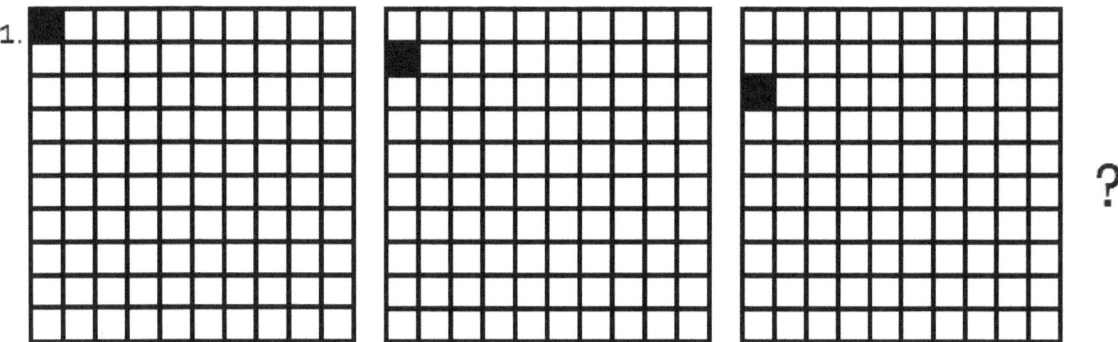

Find the pattern. Choose which puzzle below comes next. In this case B is the correct answer. Now, try the others. It only gets harder as you go.

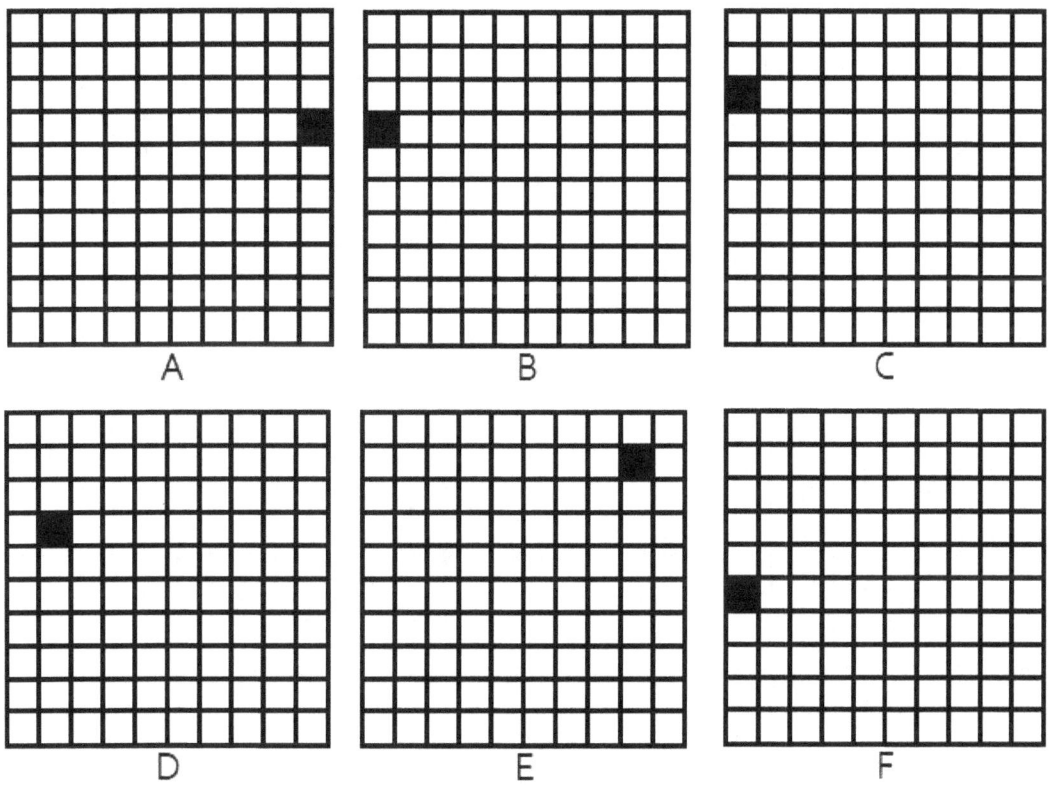

2.

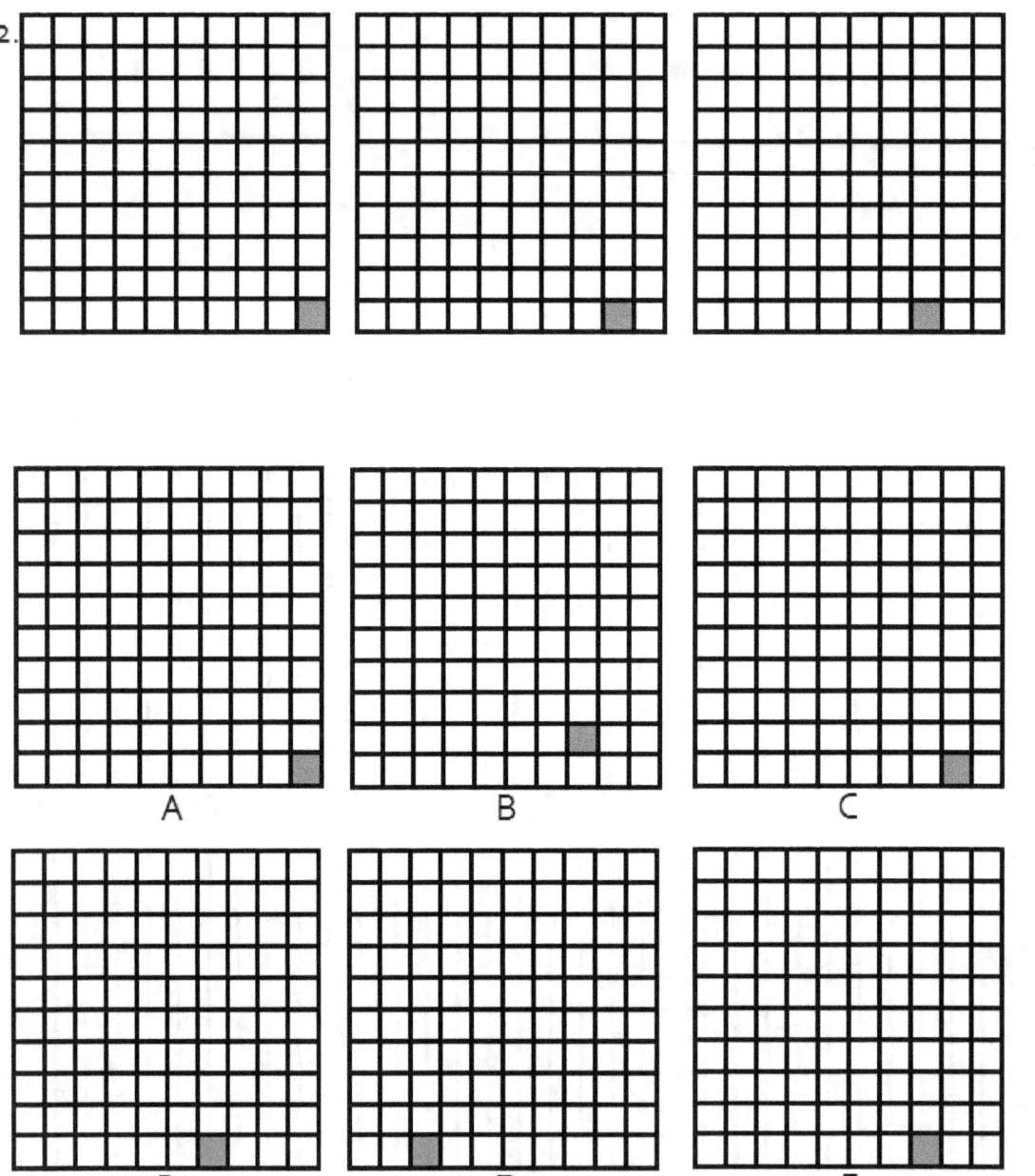

3.

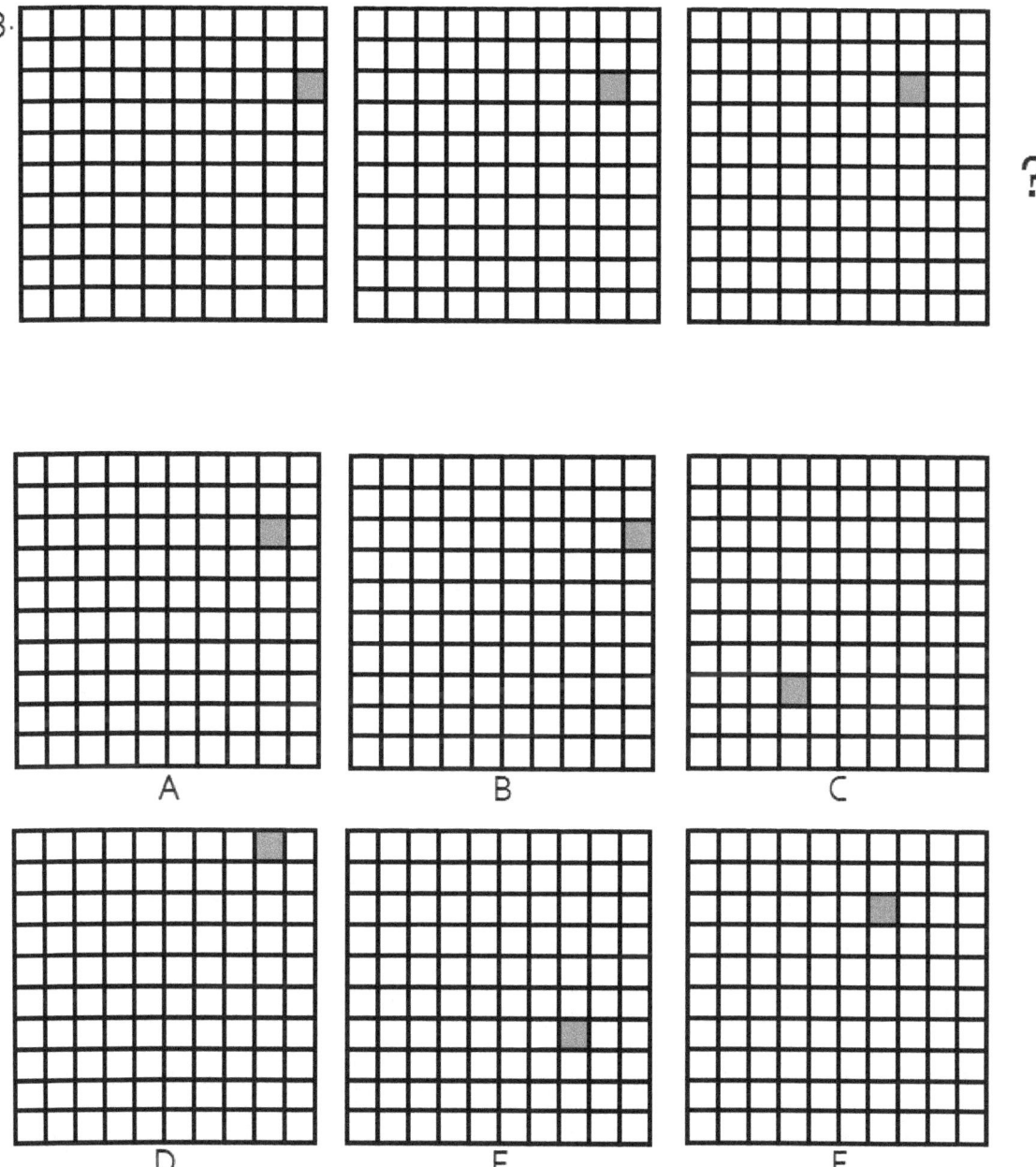

4.

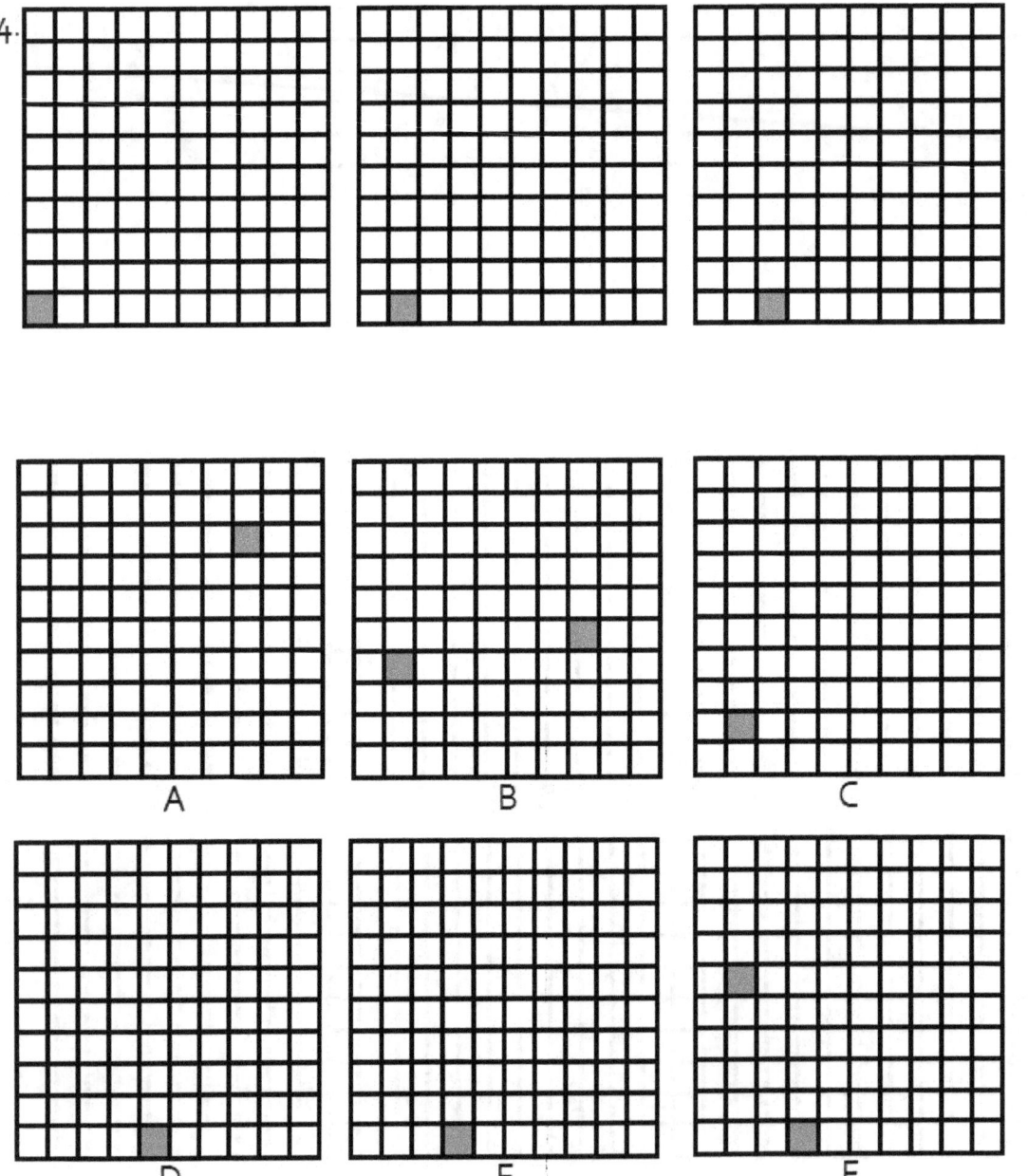

5.

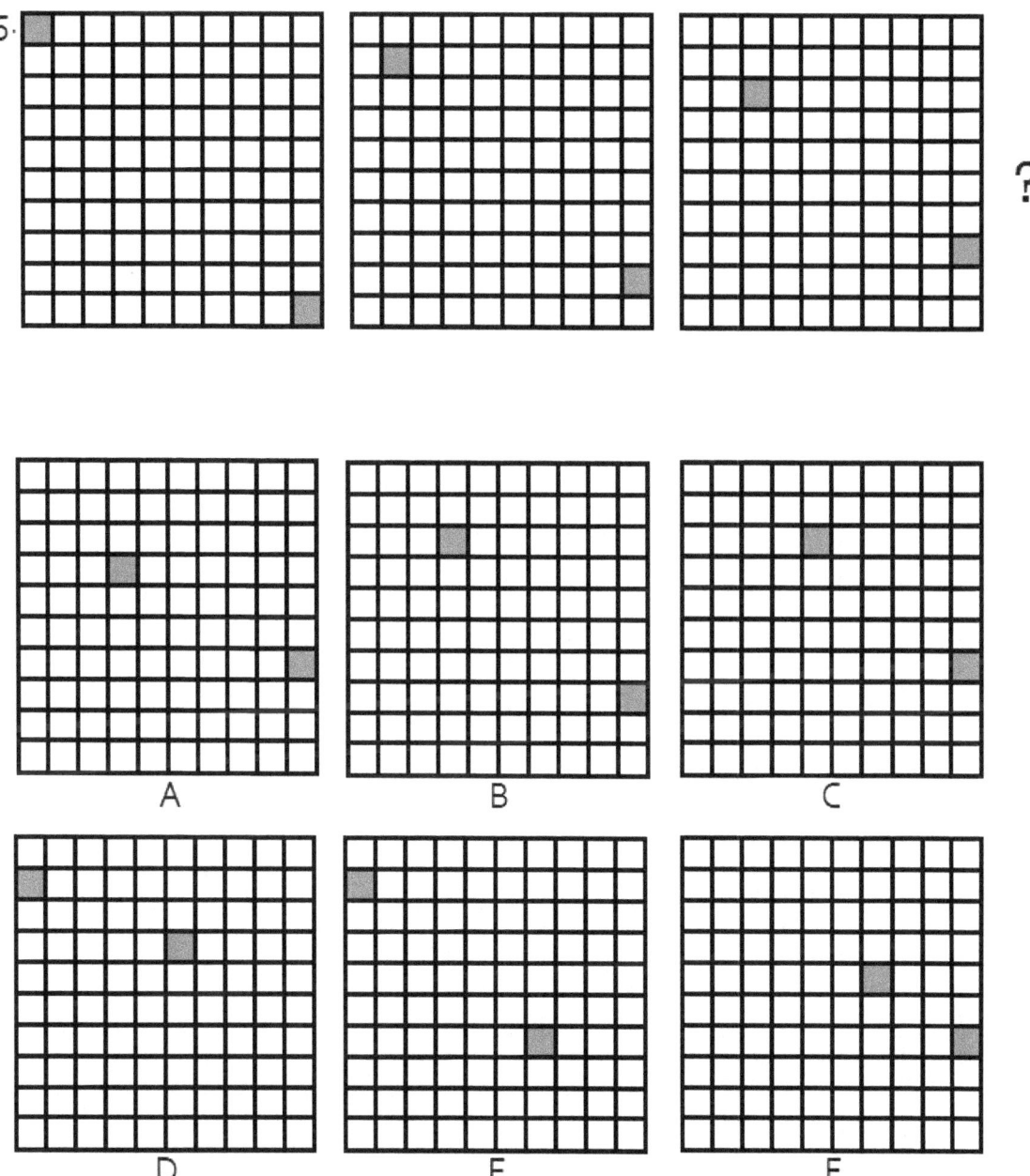

6.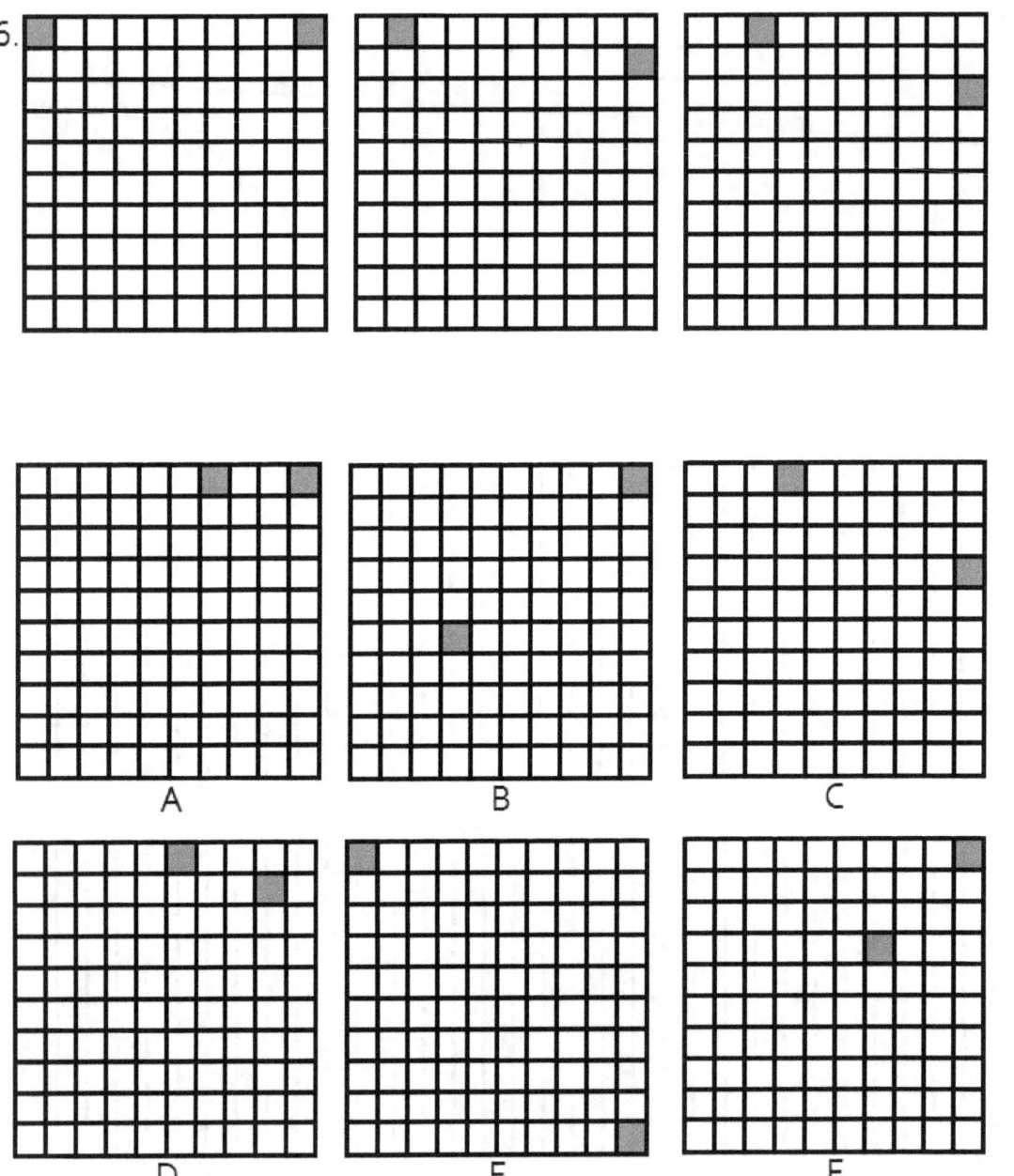

7.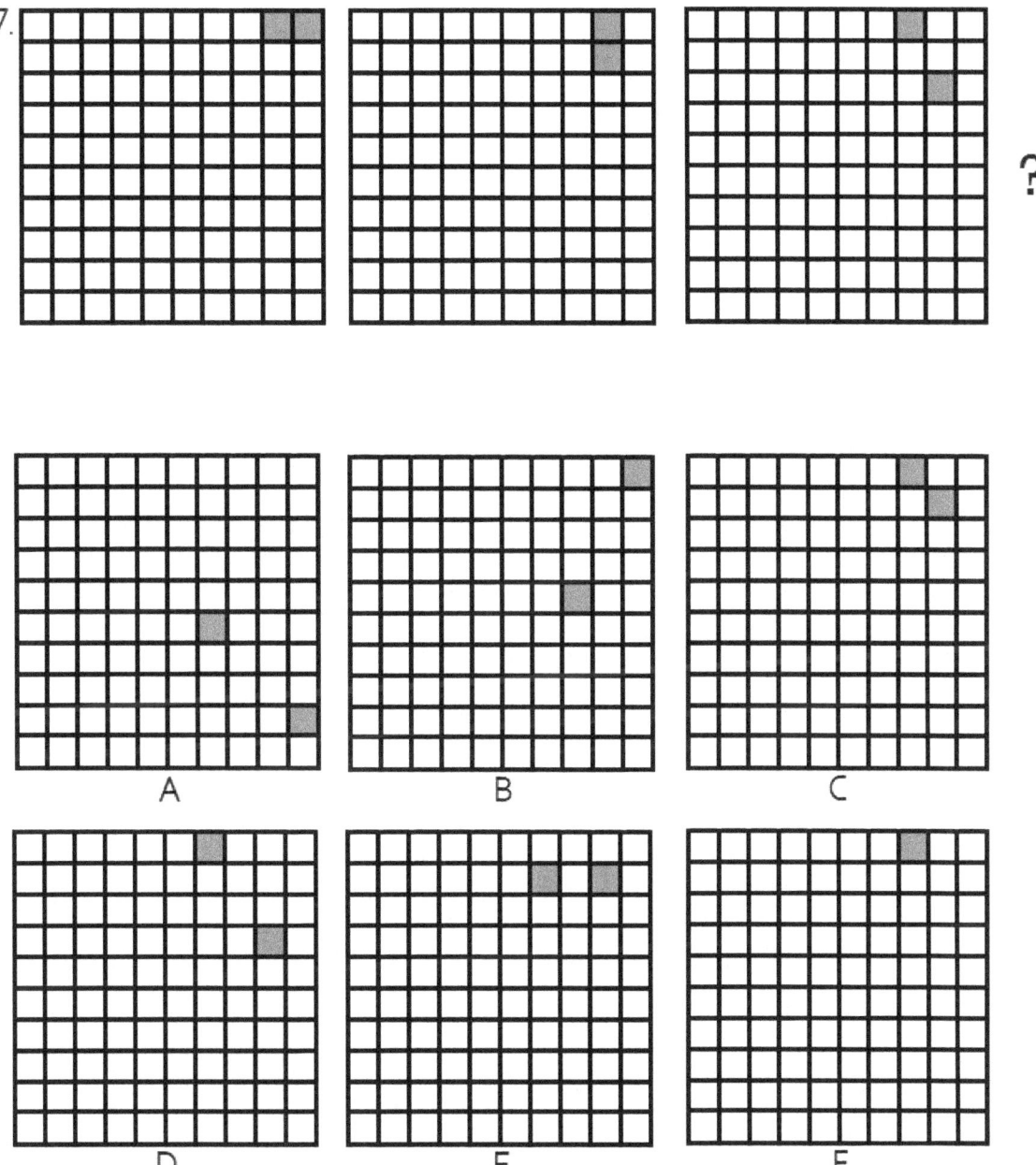

8.

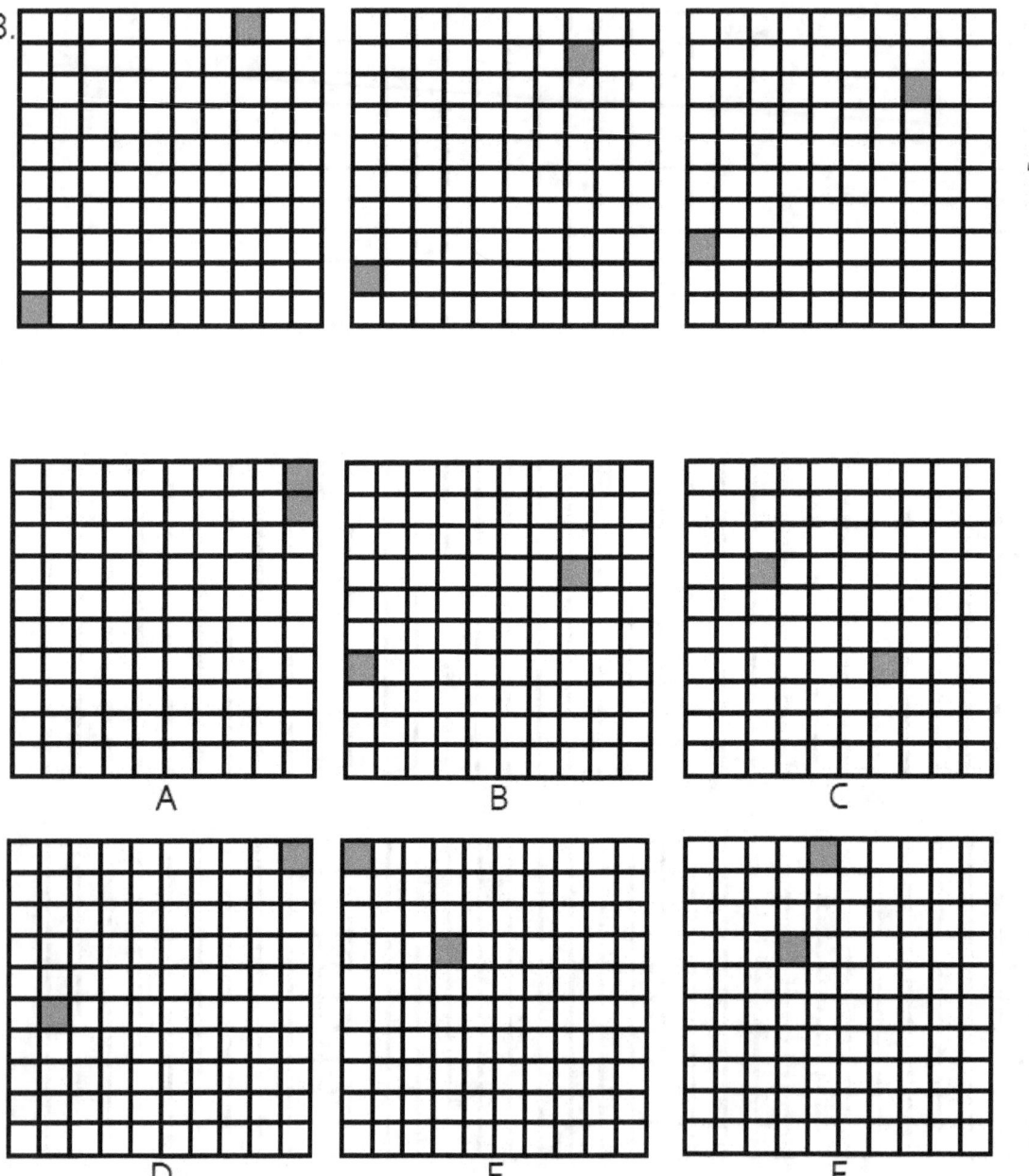

9.

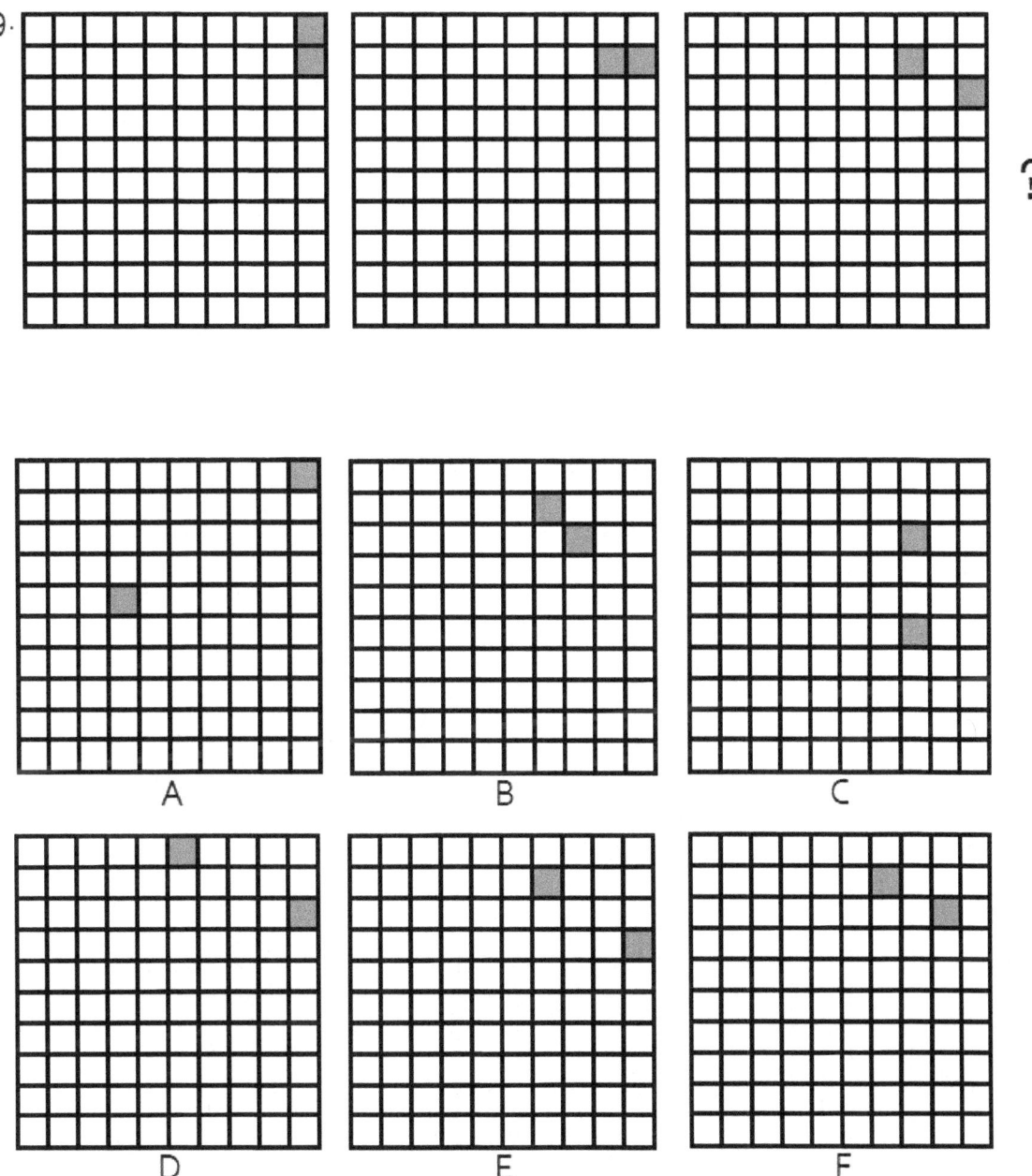

10.

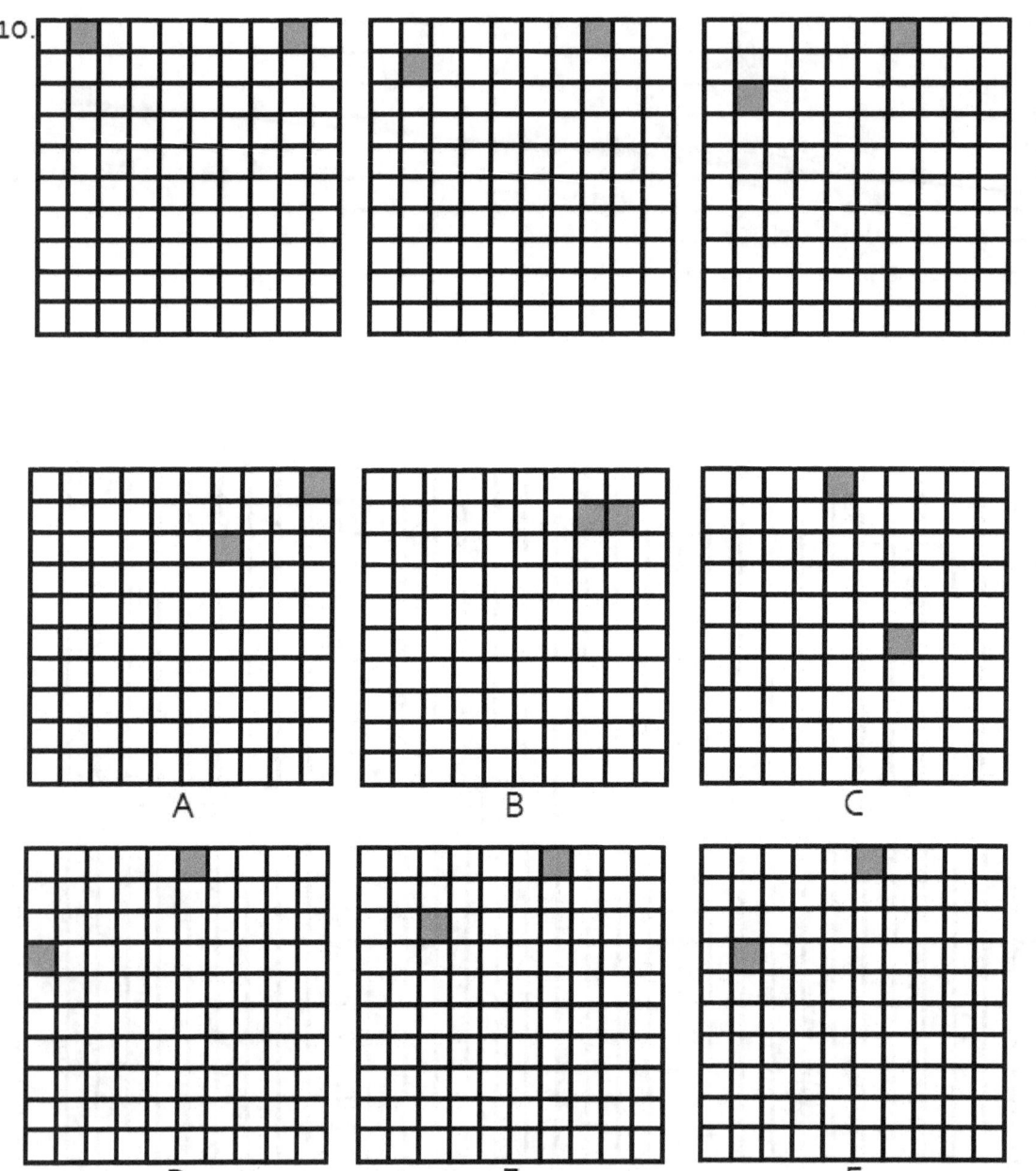

11.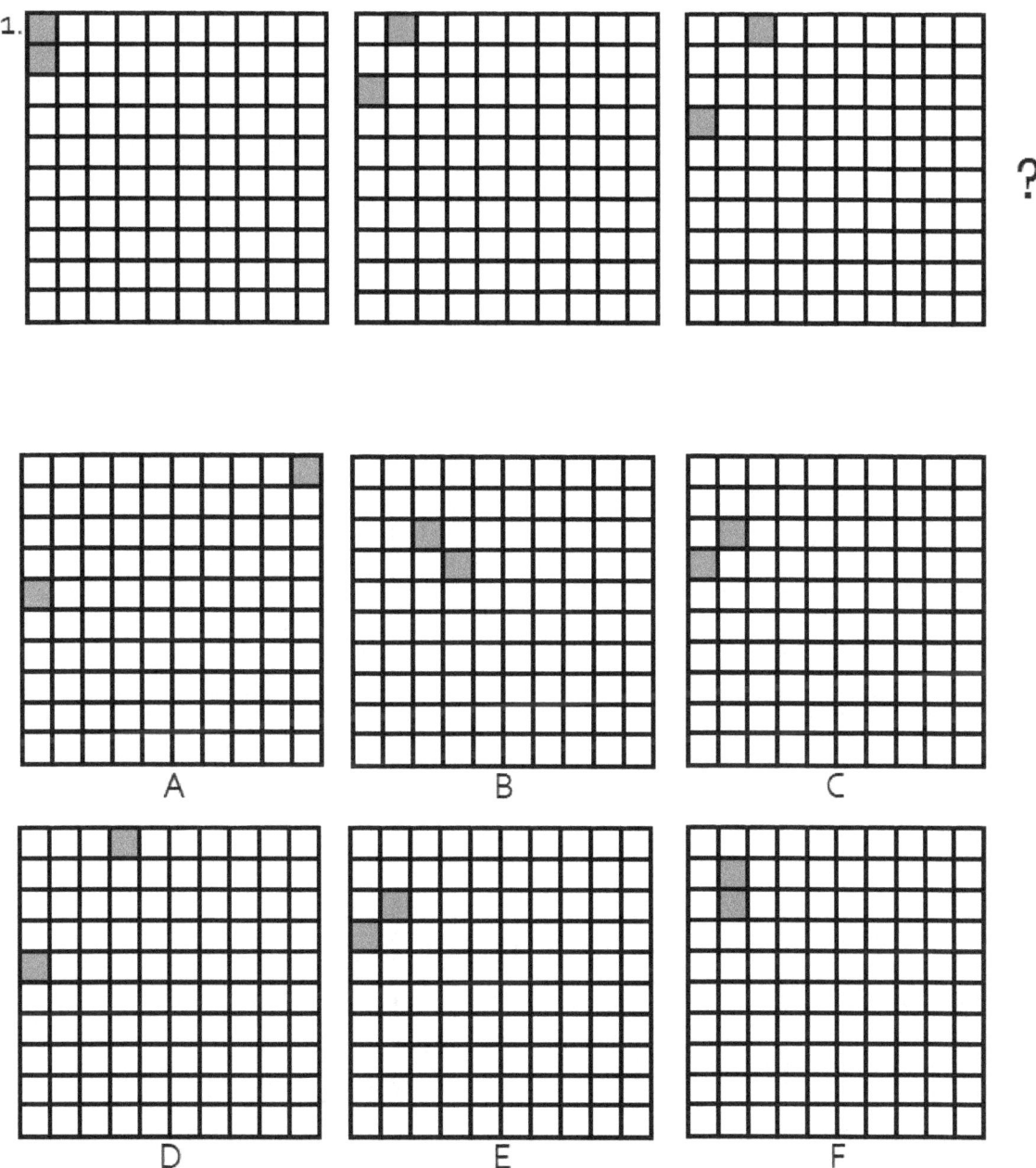

12.

13.

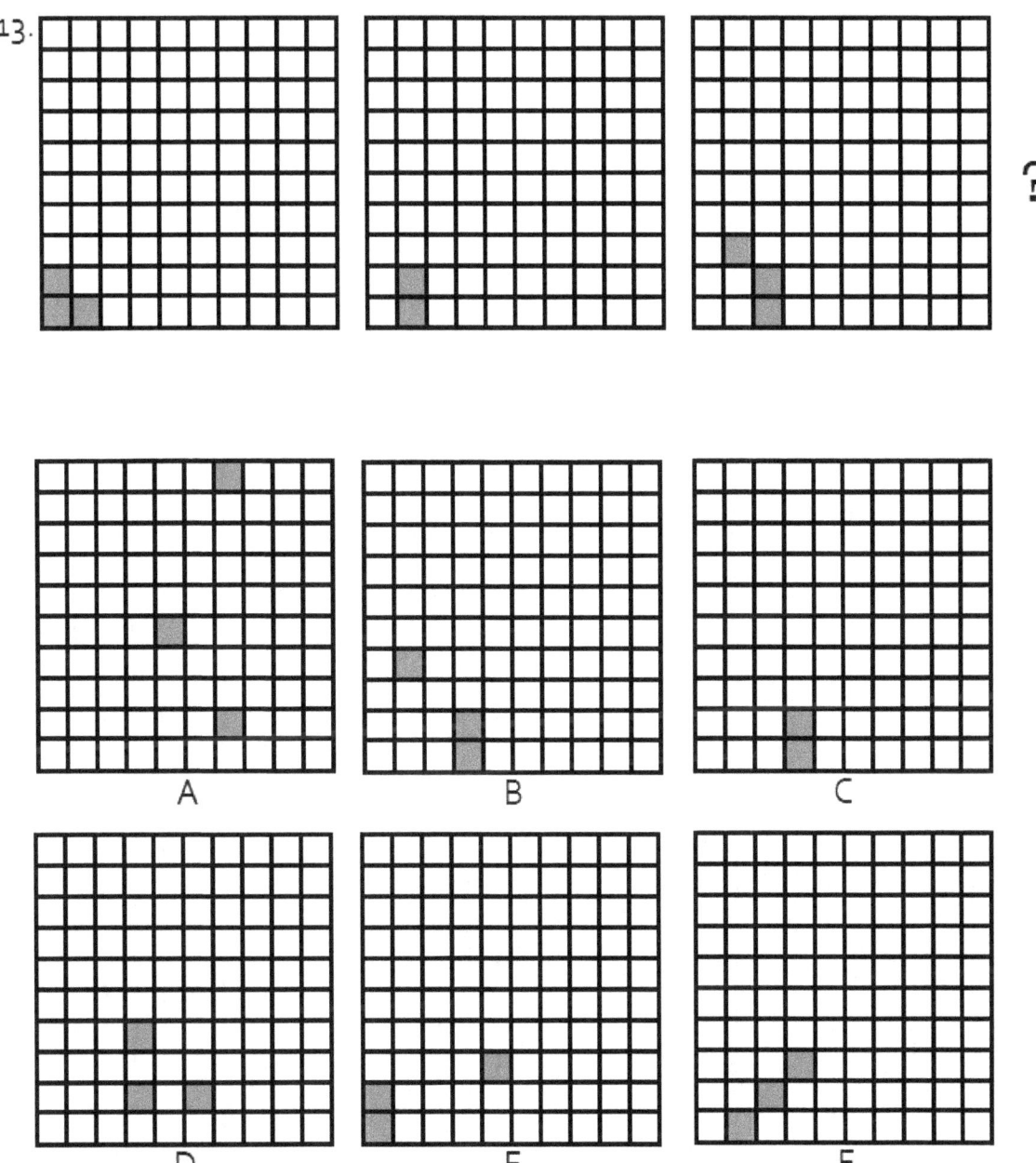

14.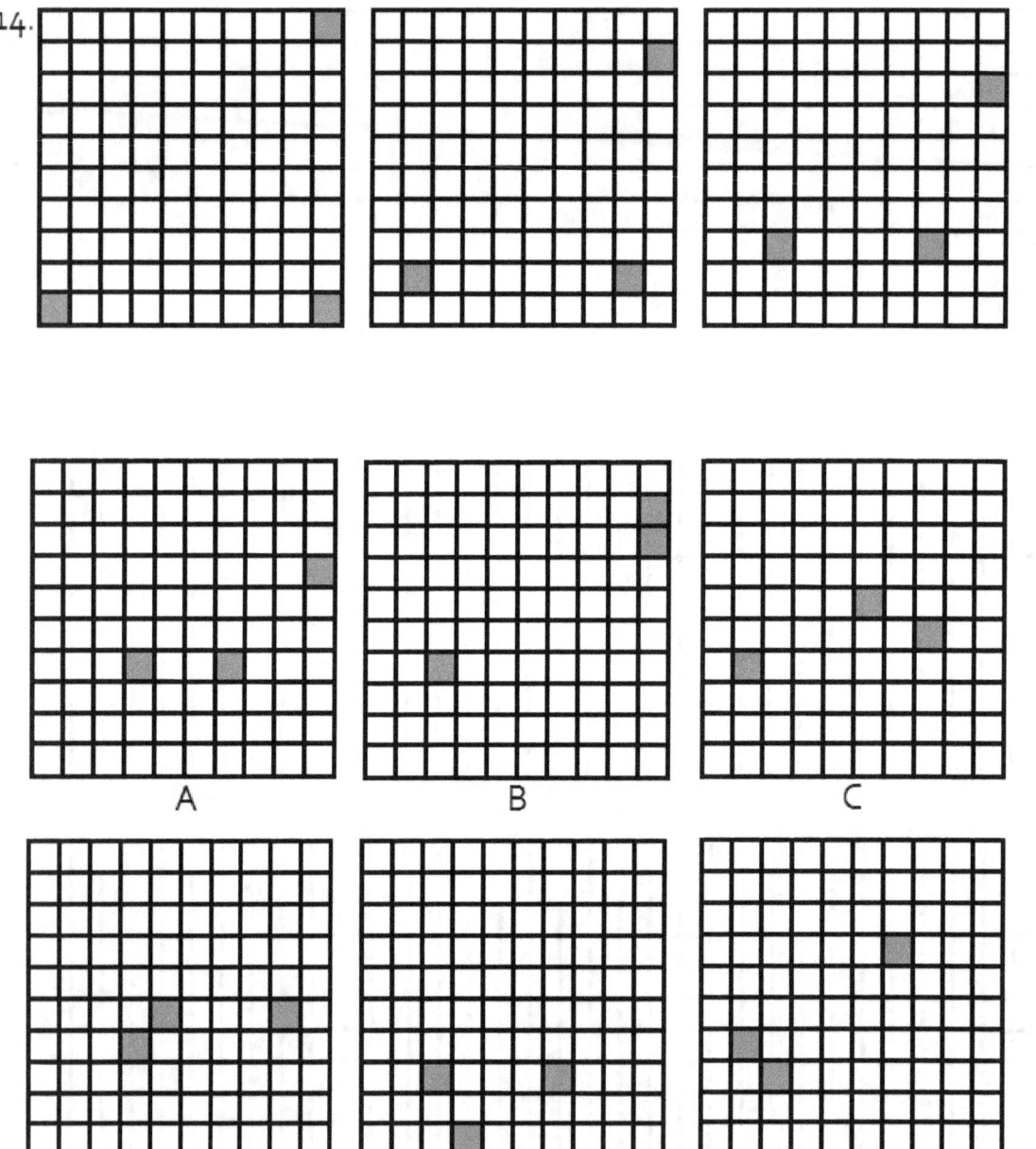

15.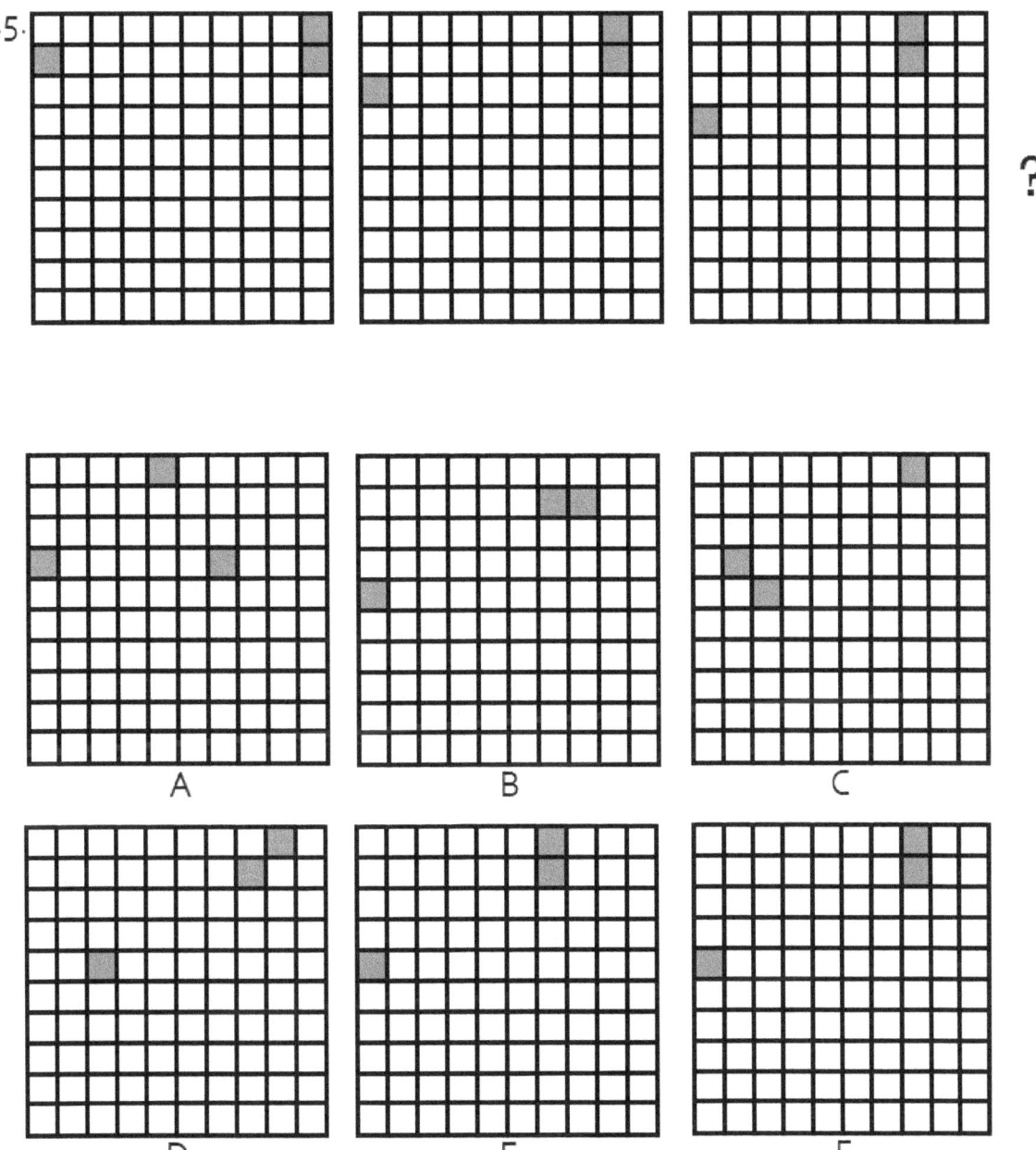

16.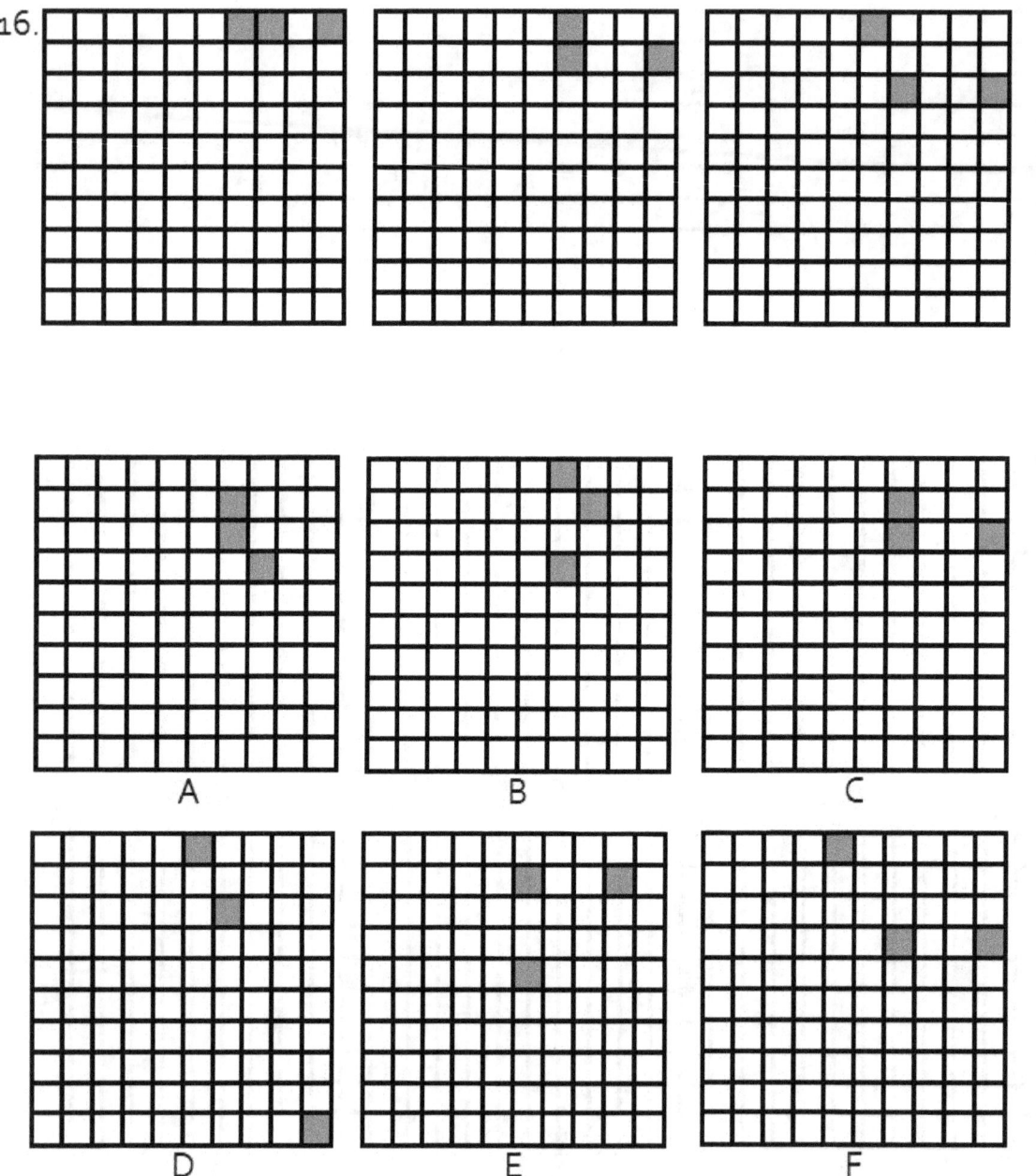

17.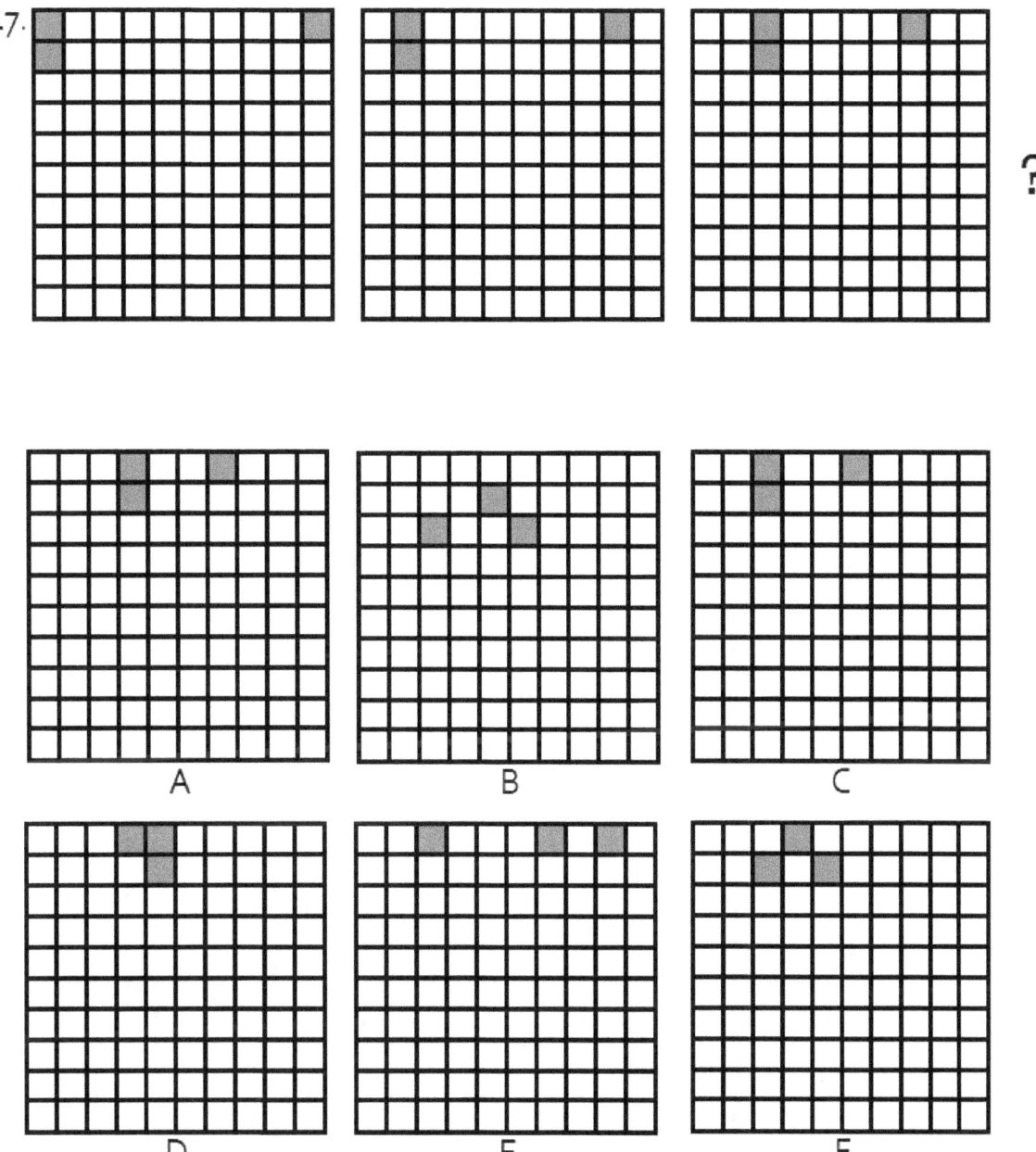

18.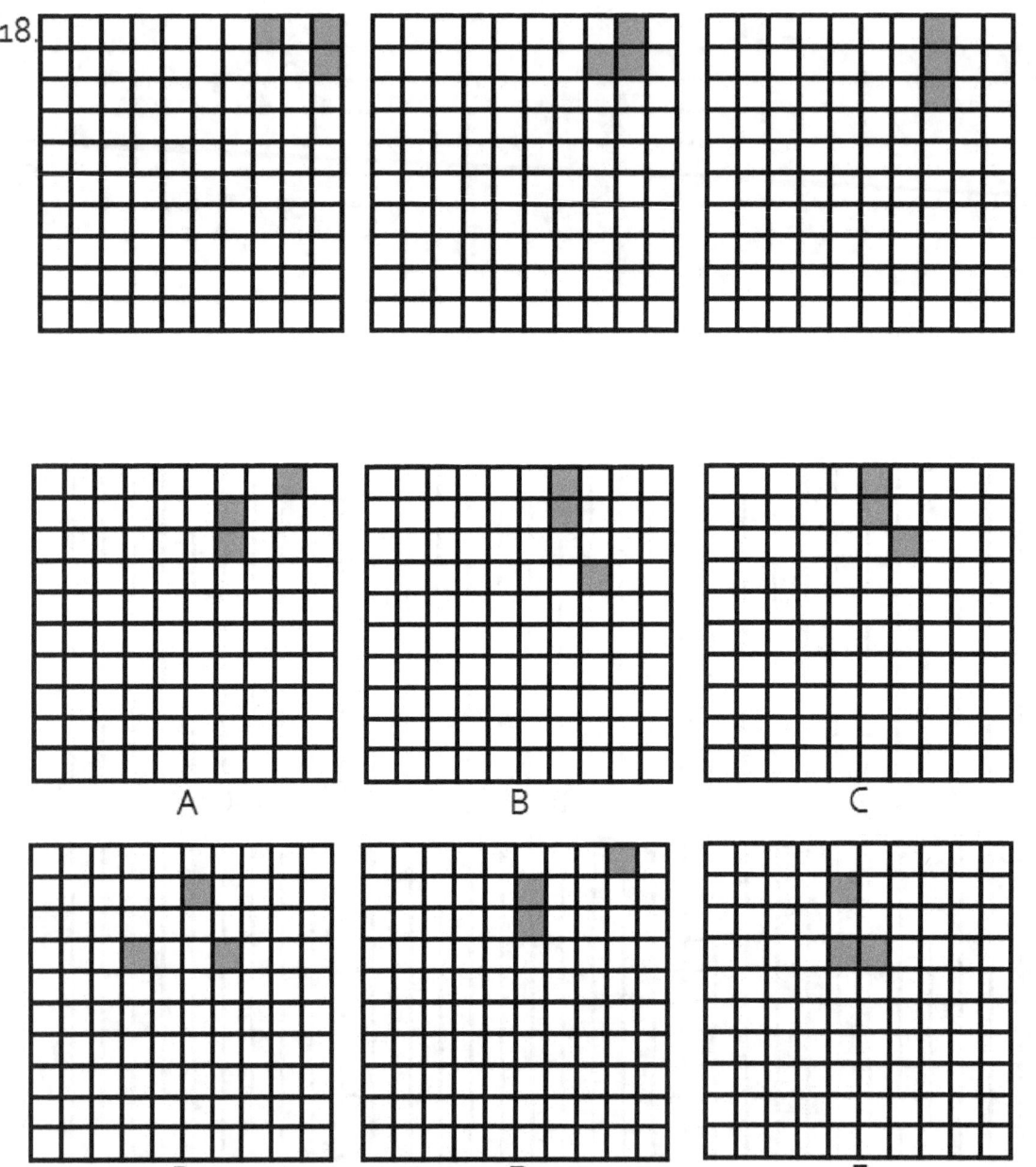

19.

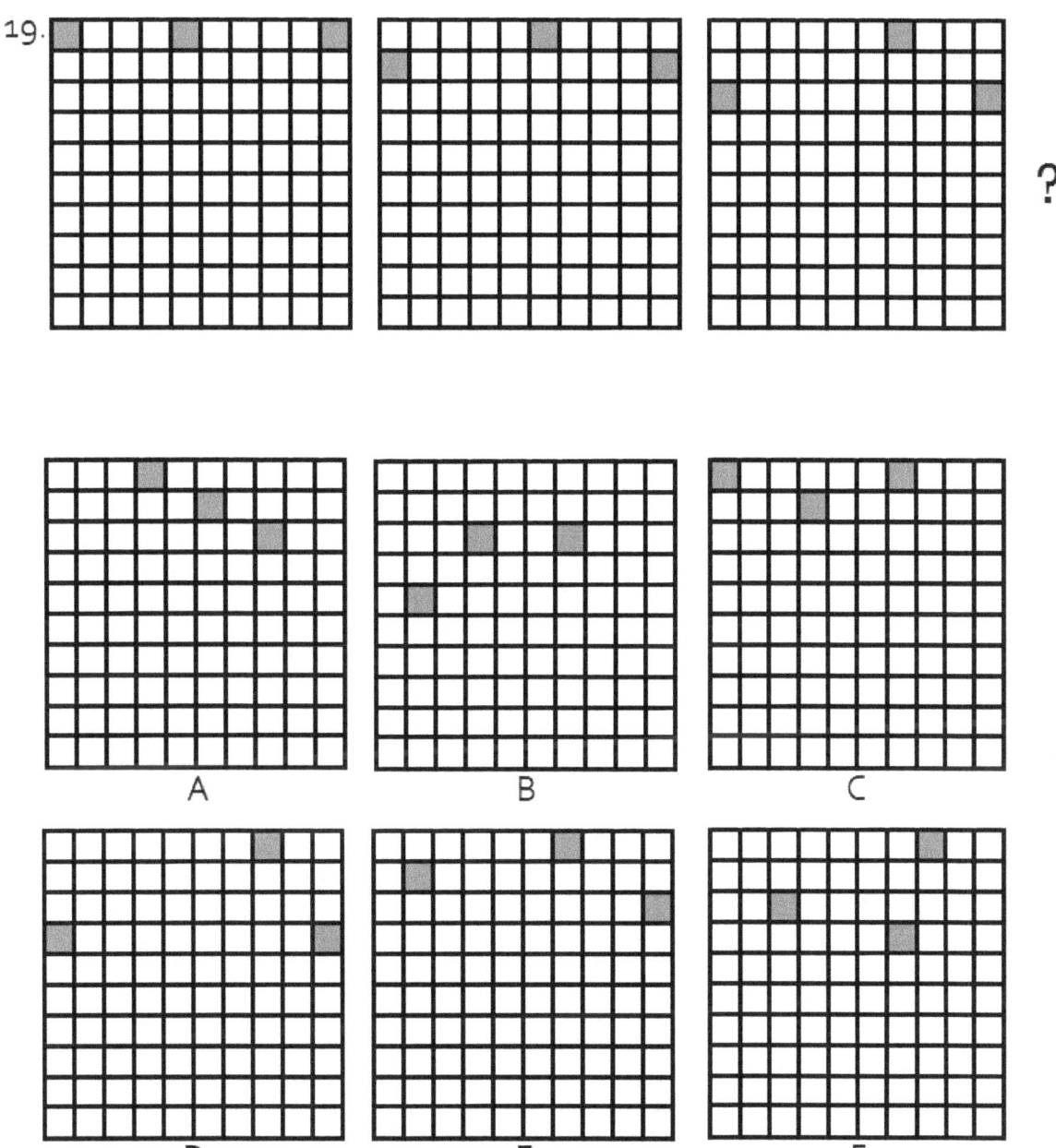

20.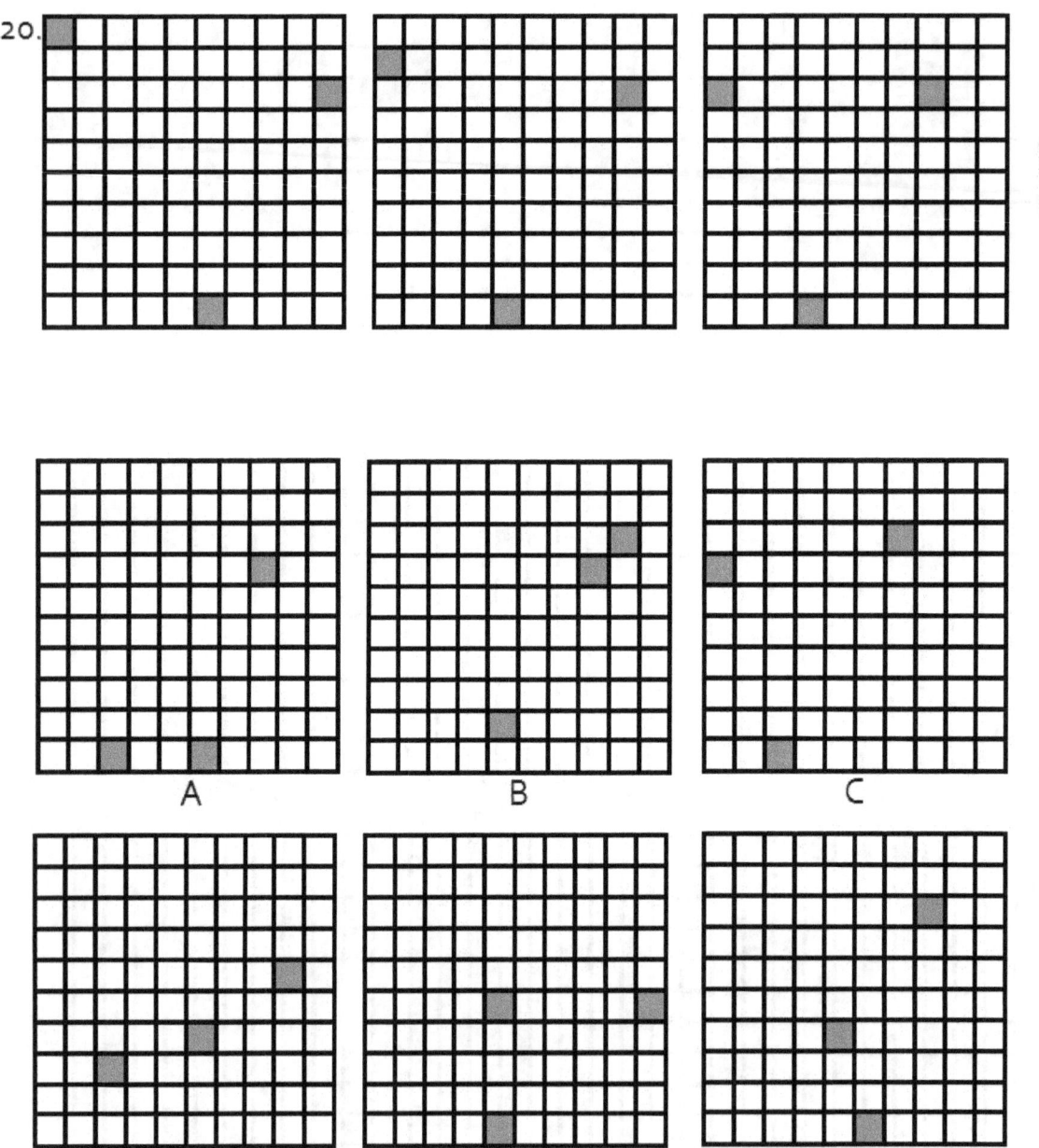

21.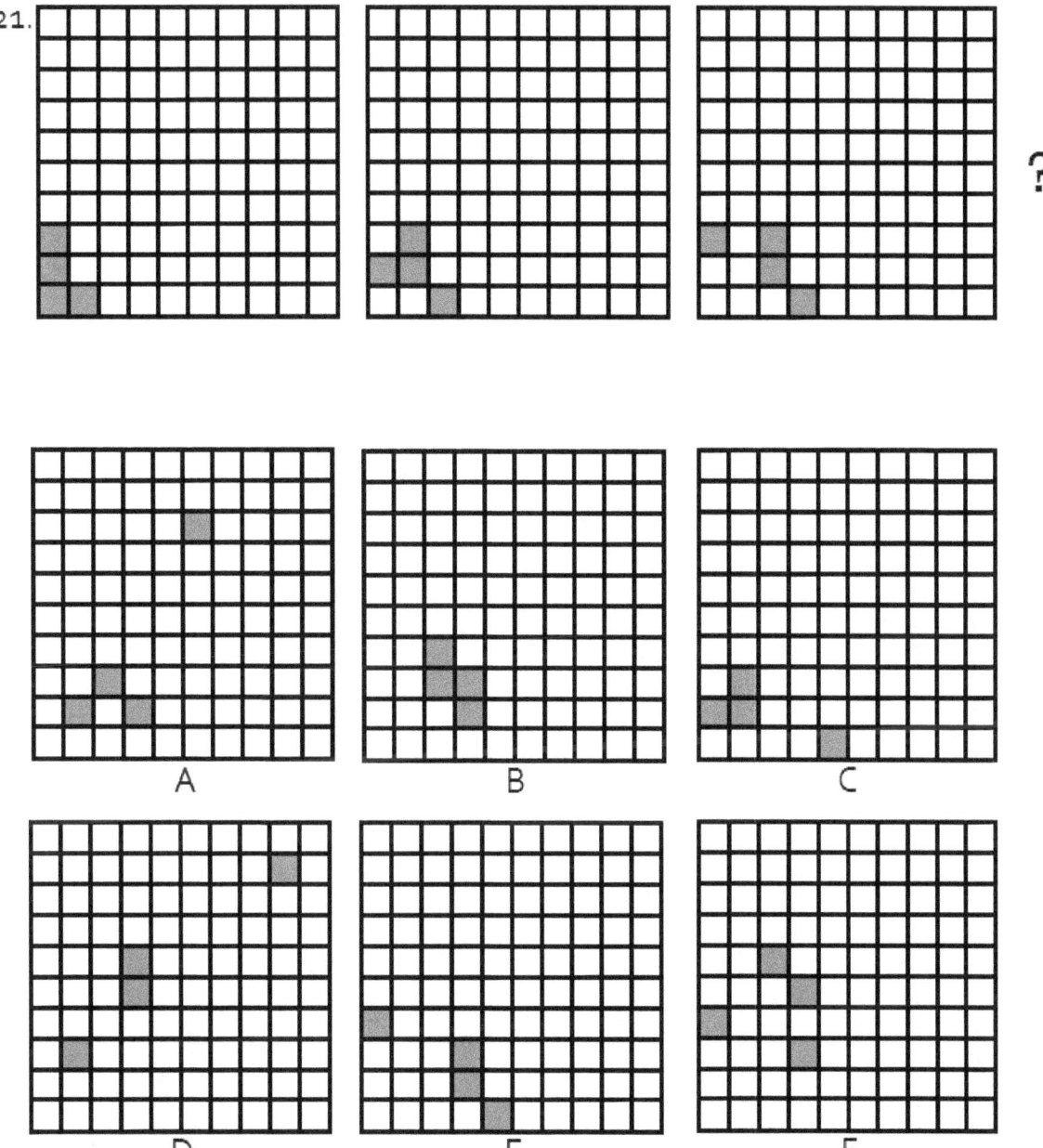

22.

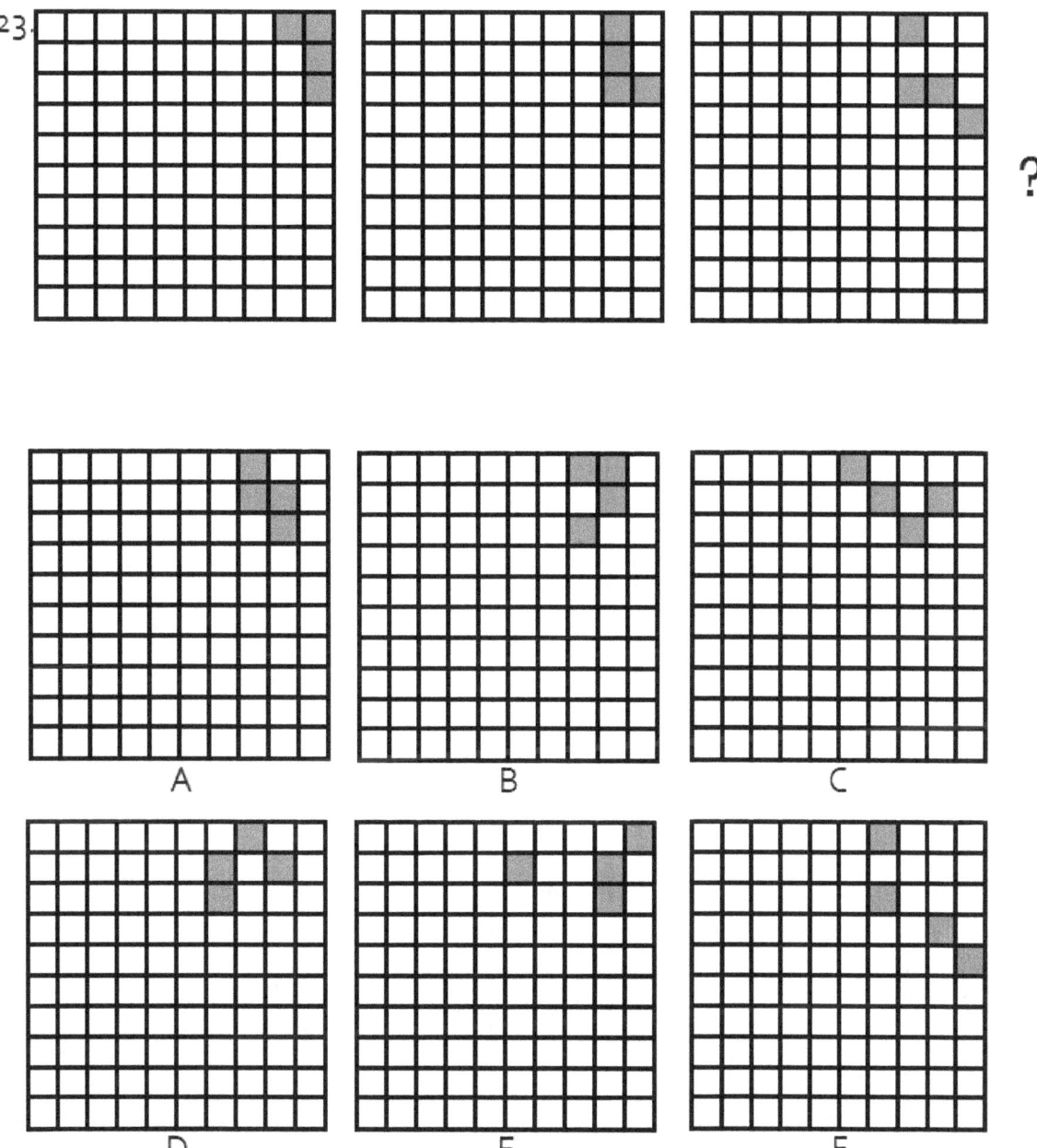

24.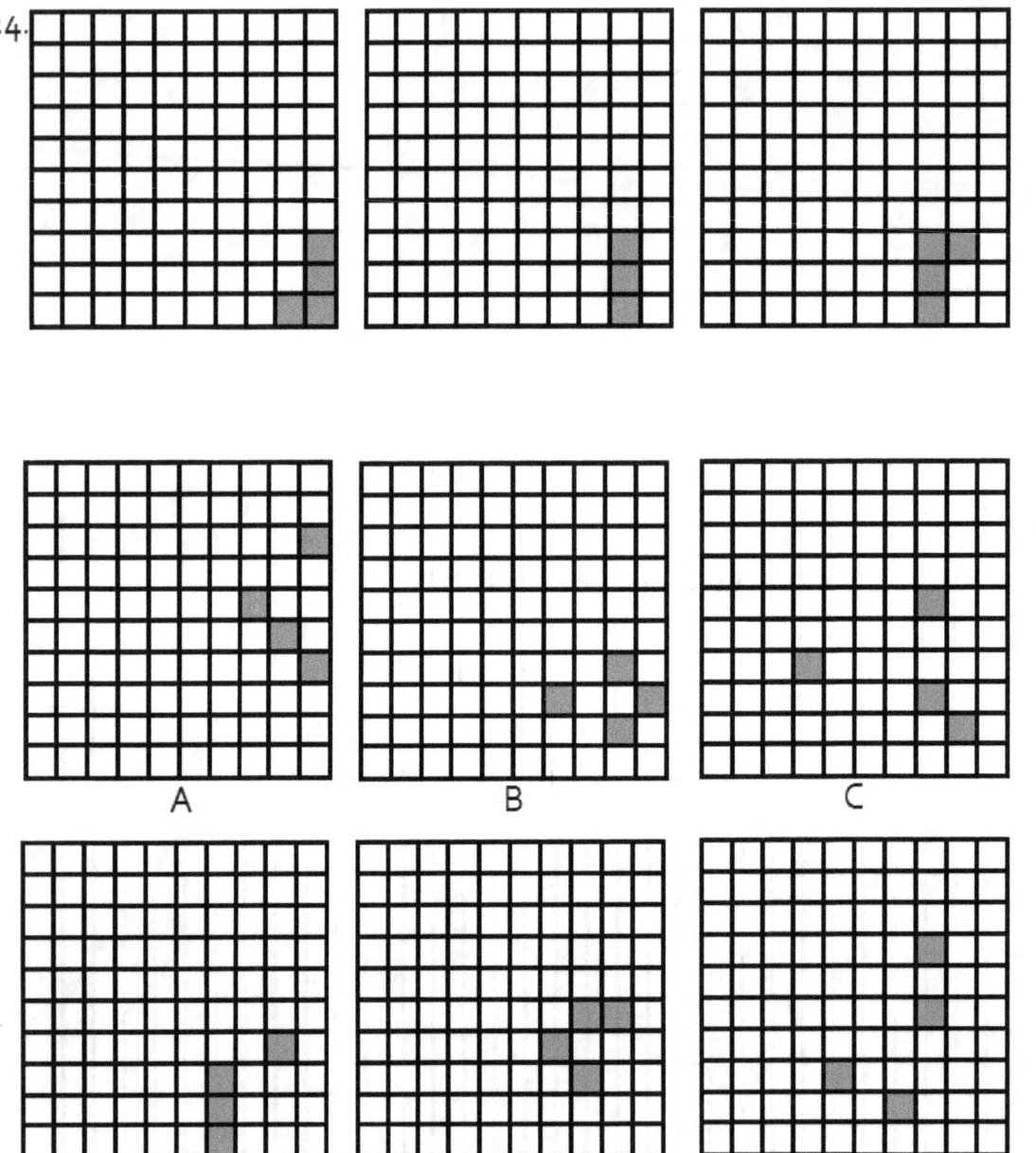

25.

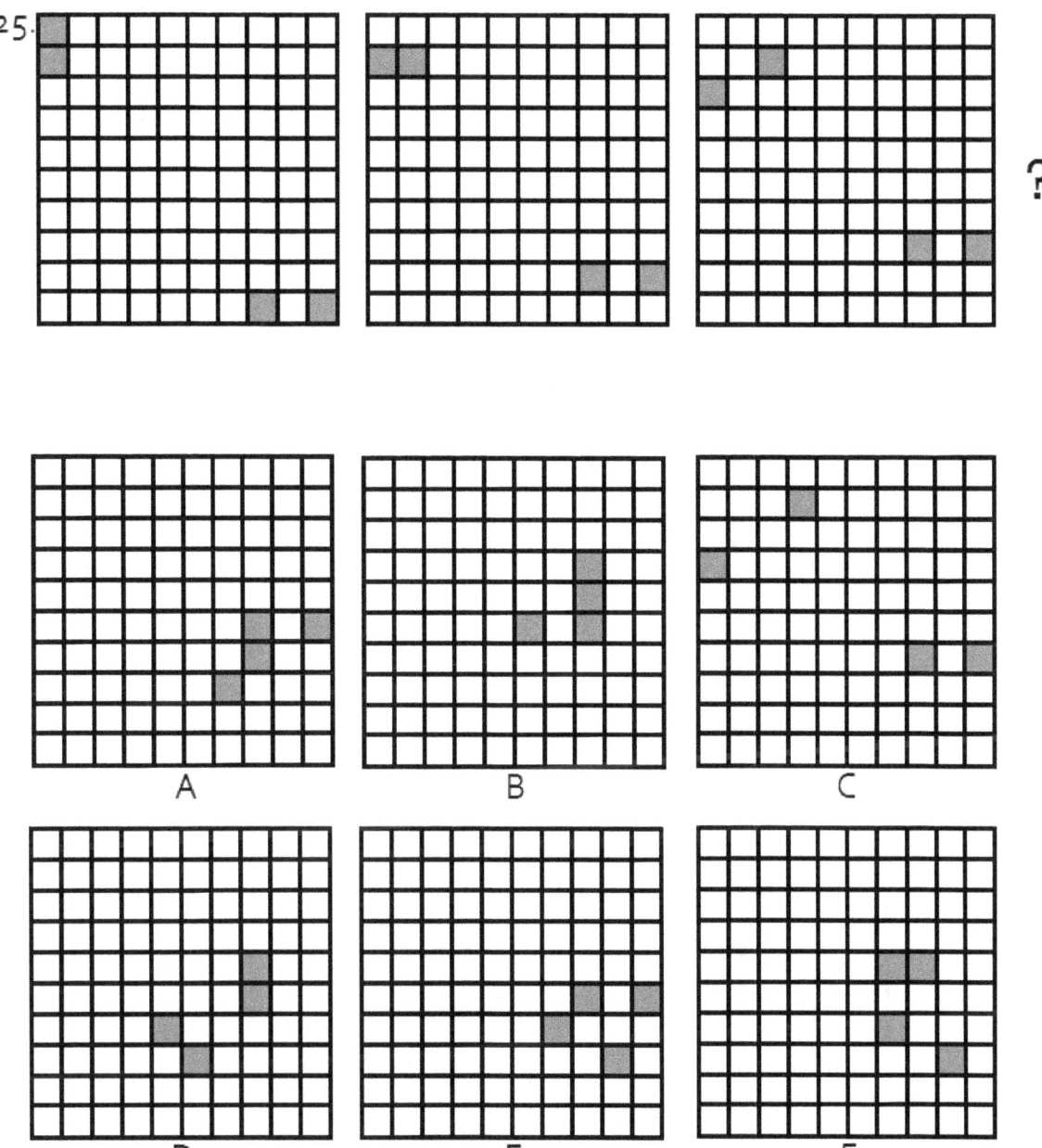

26.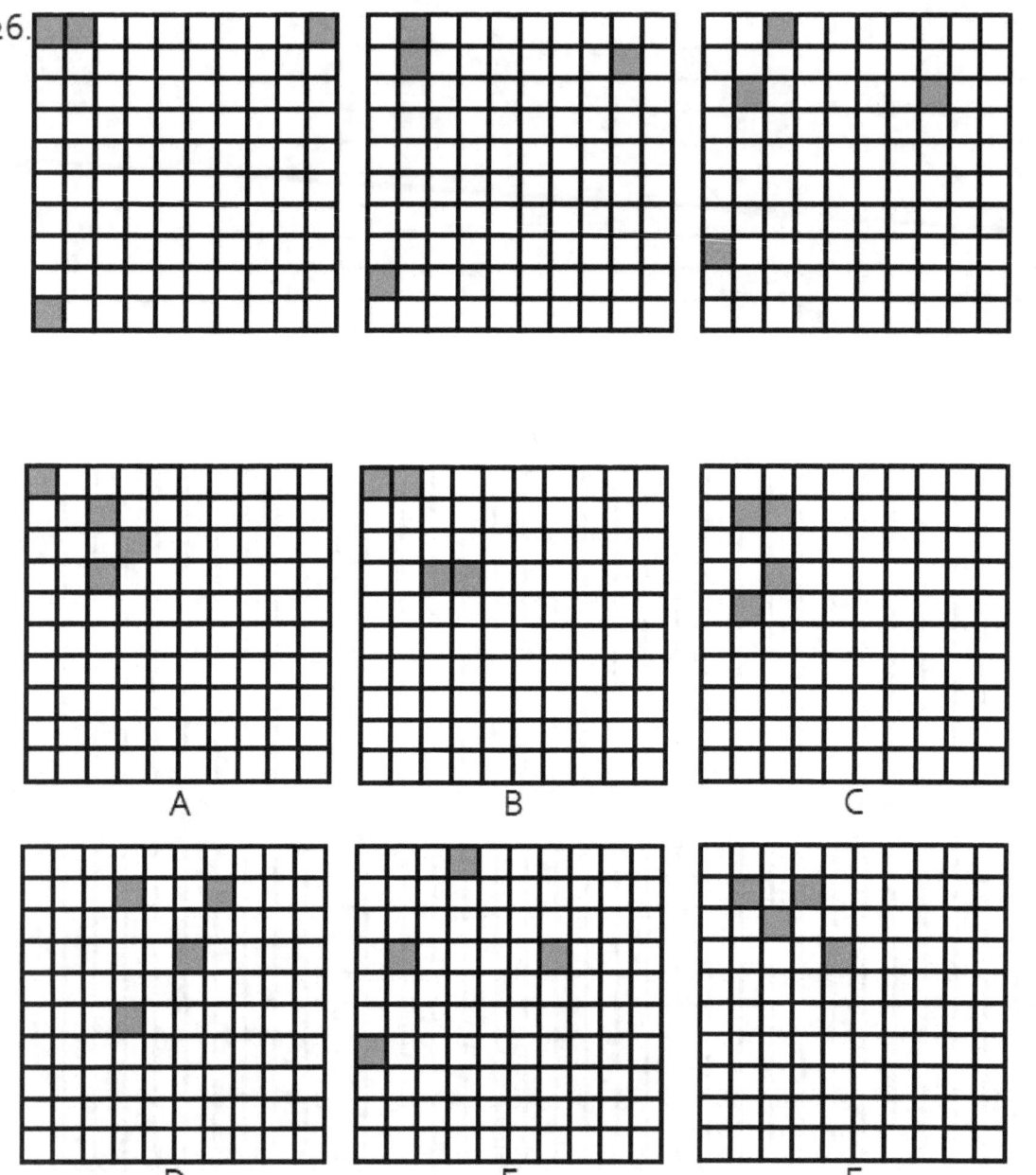

27.

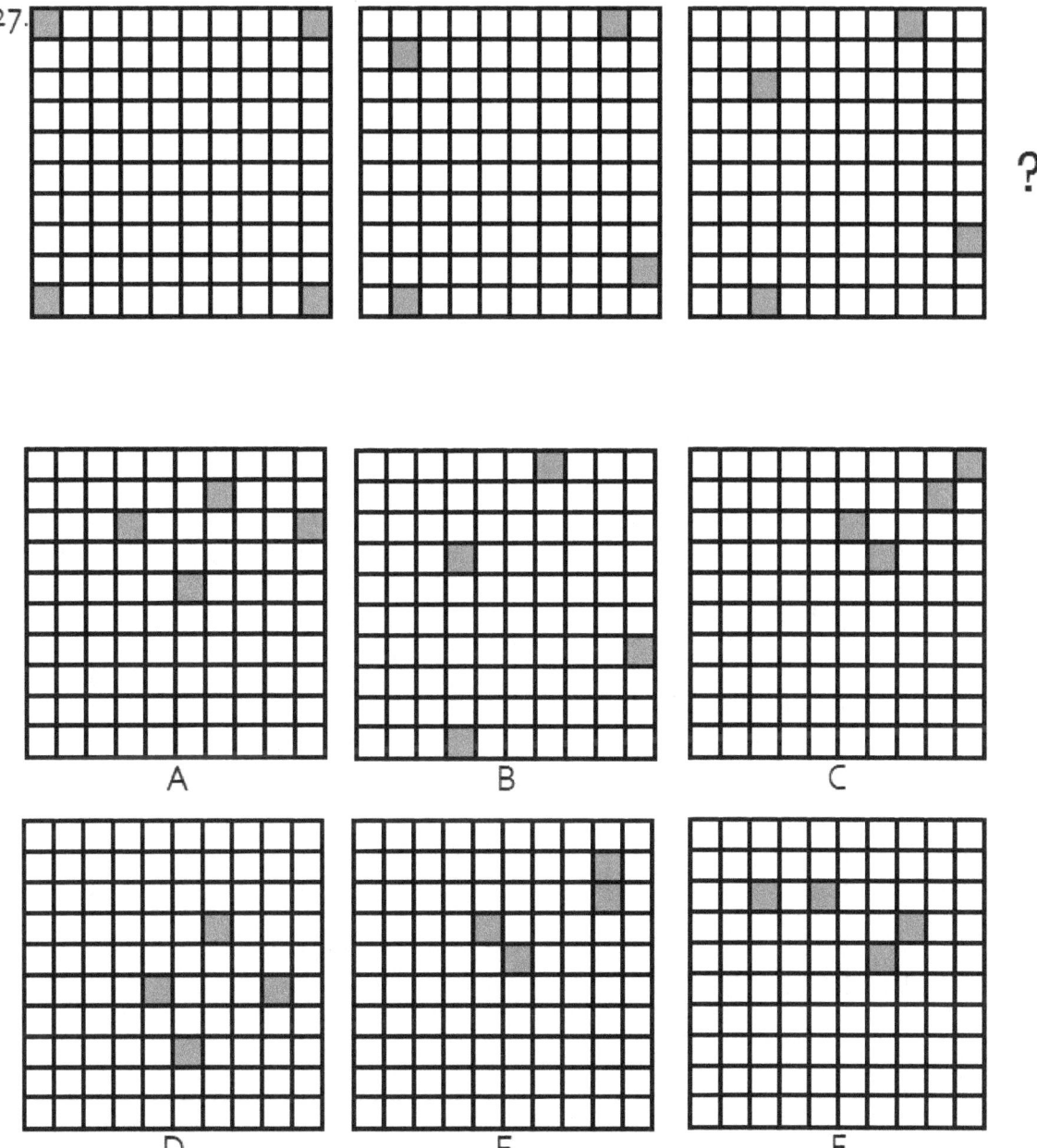

28.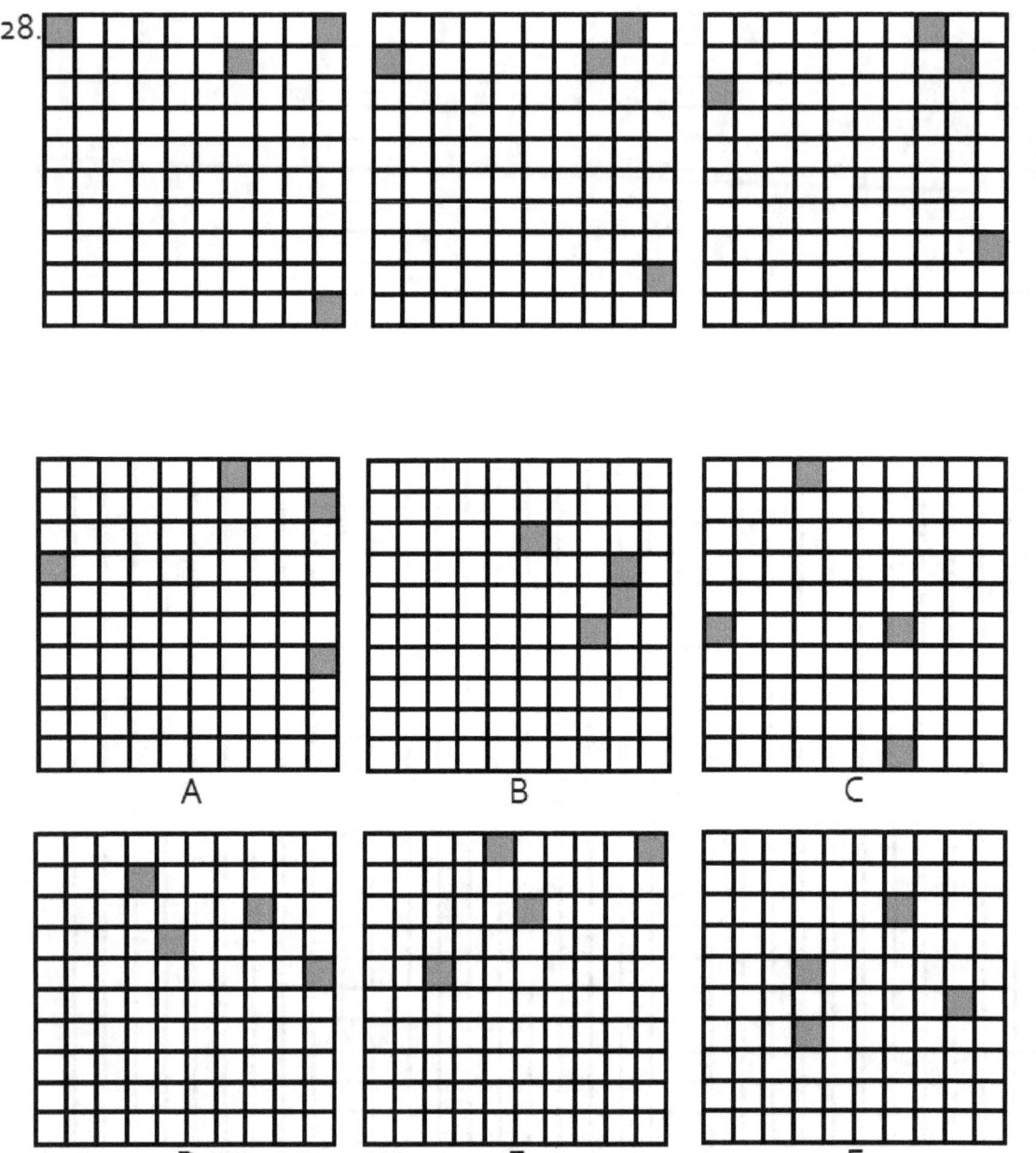

29.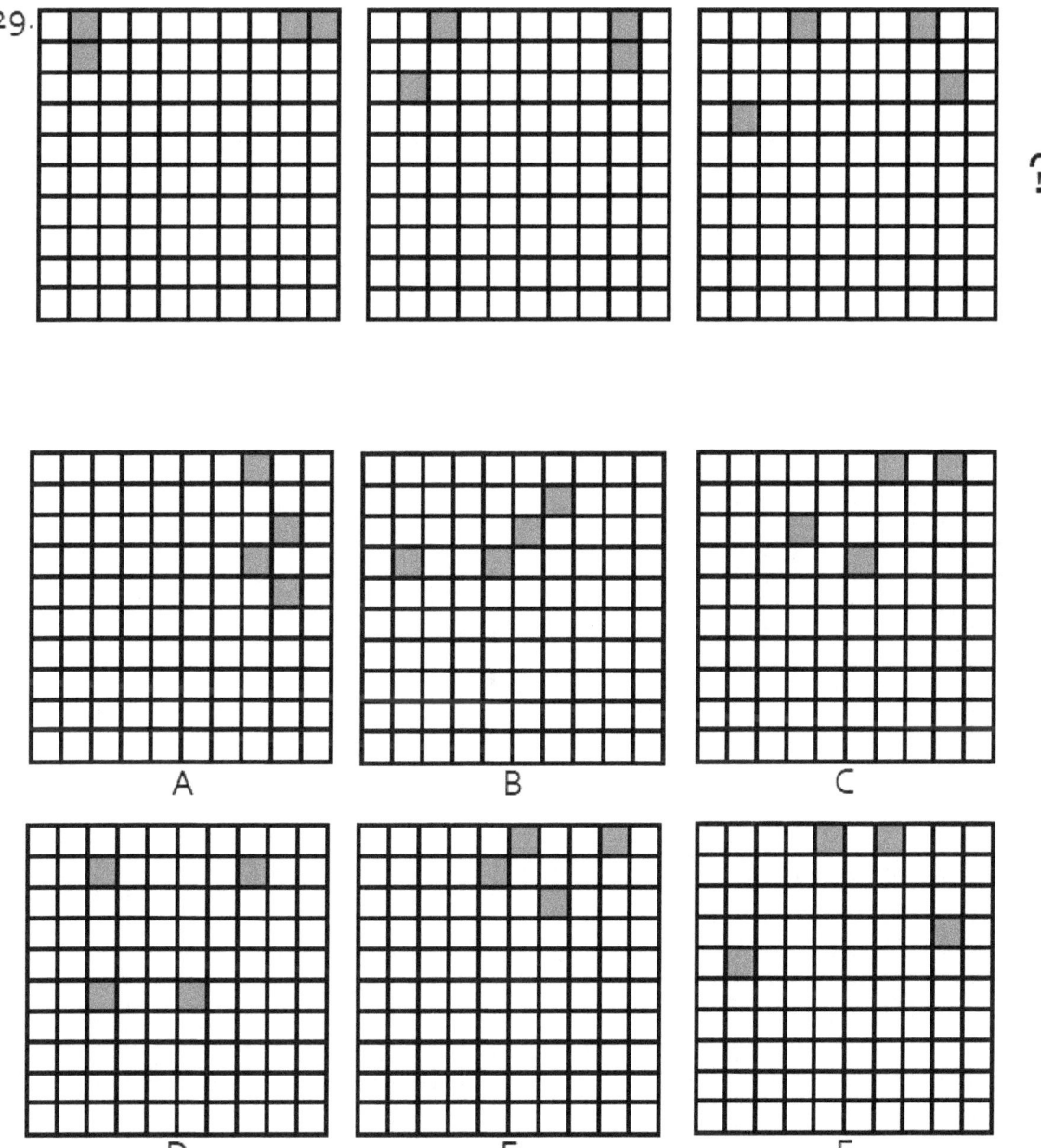

30.

31.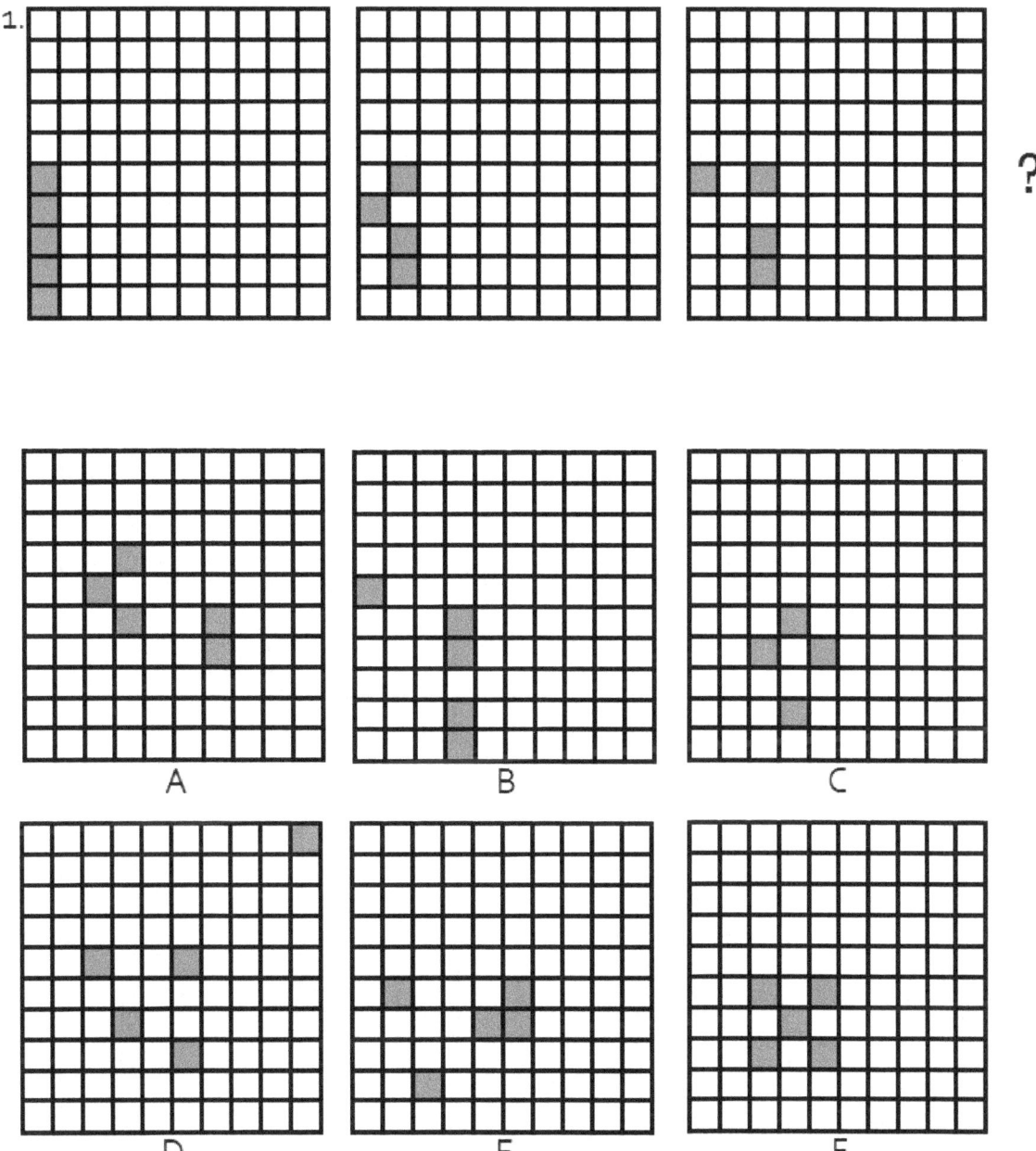

32.

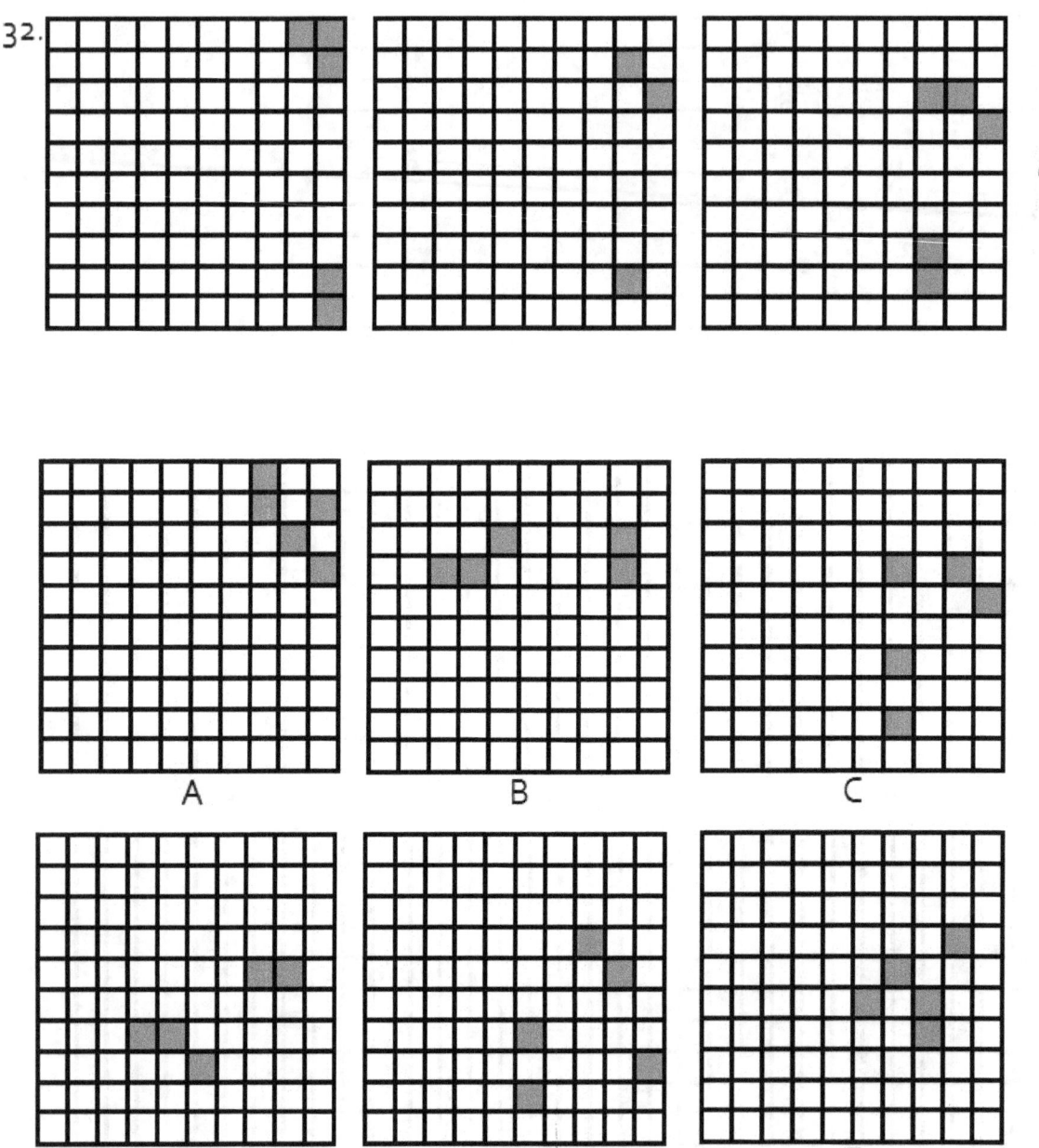

33.

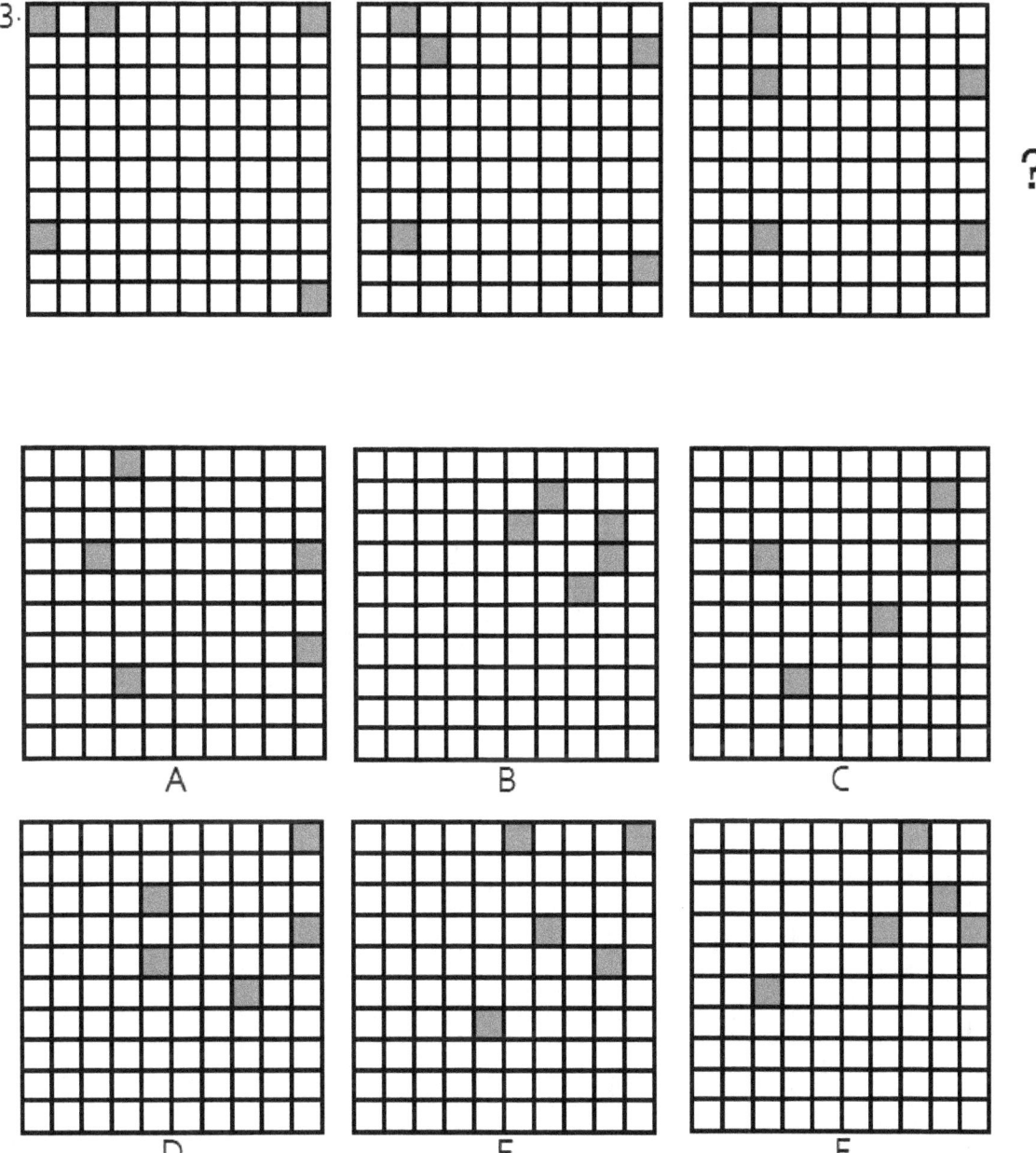

34.

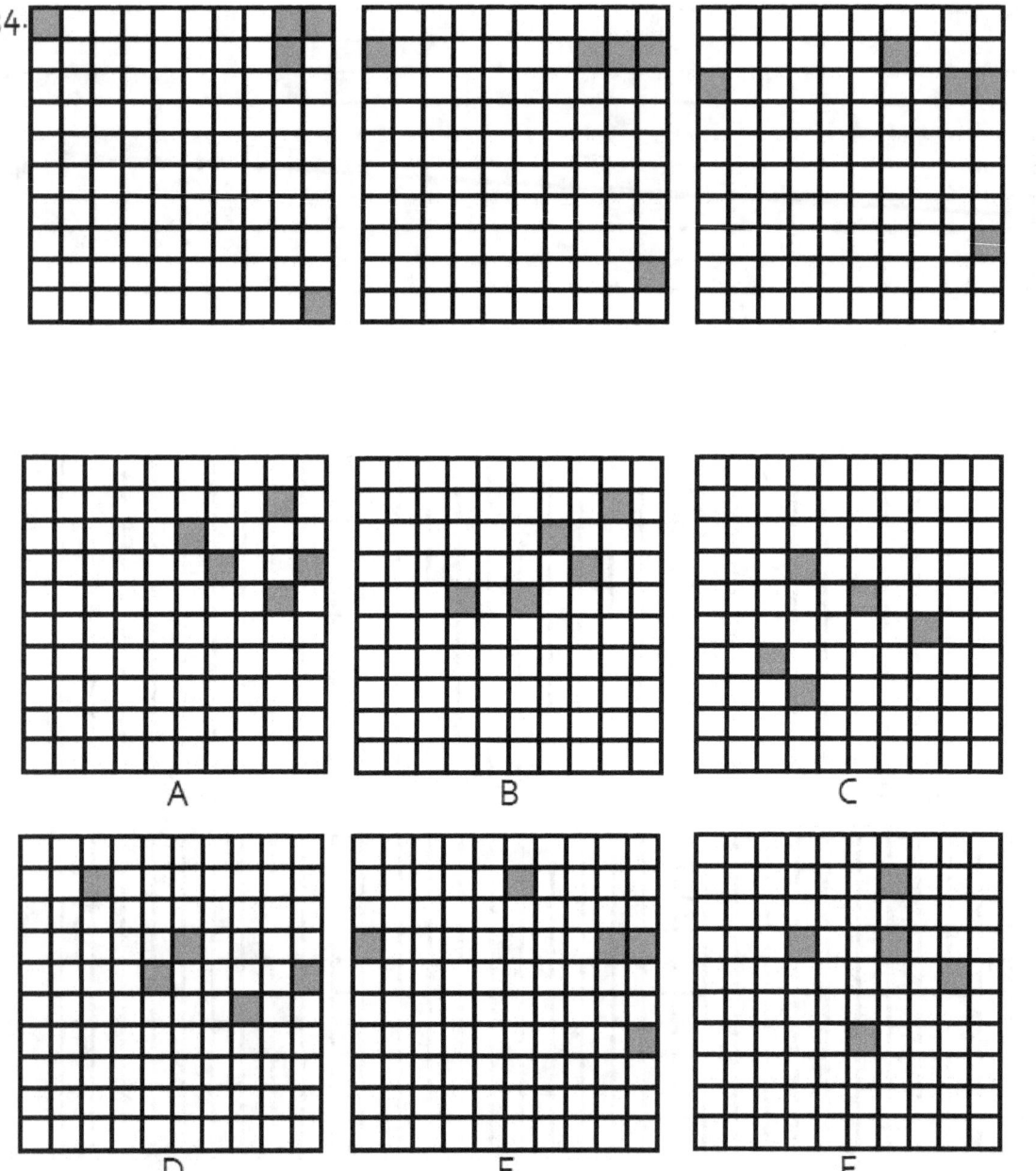

35.
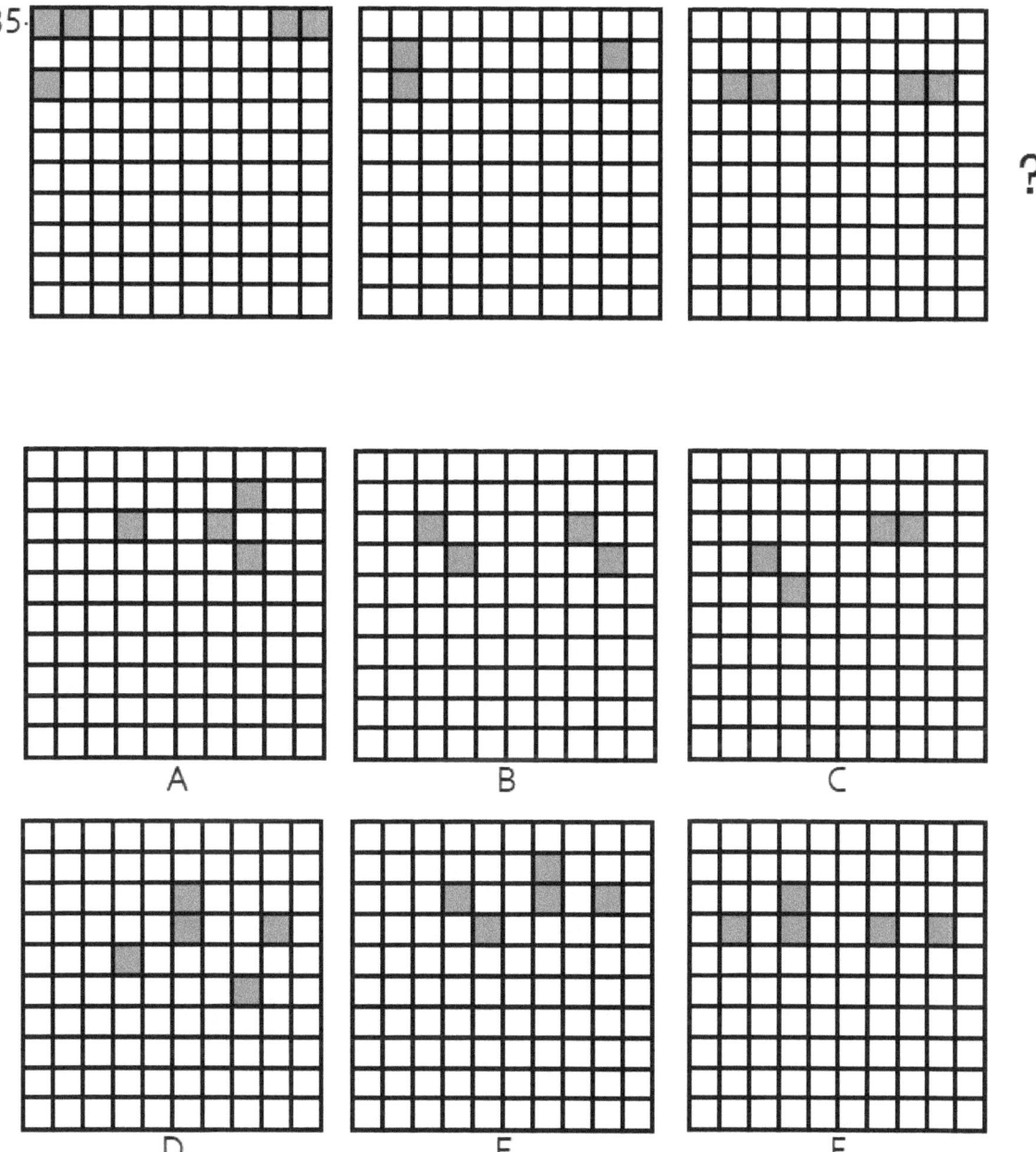

36.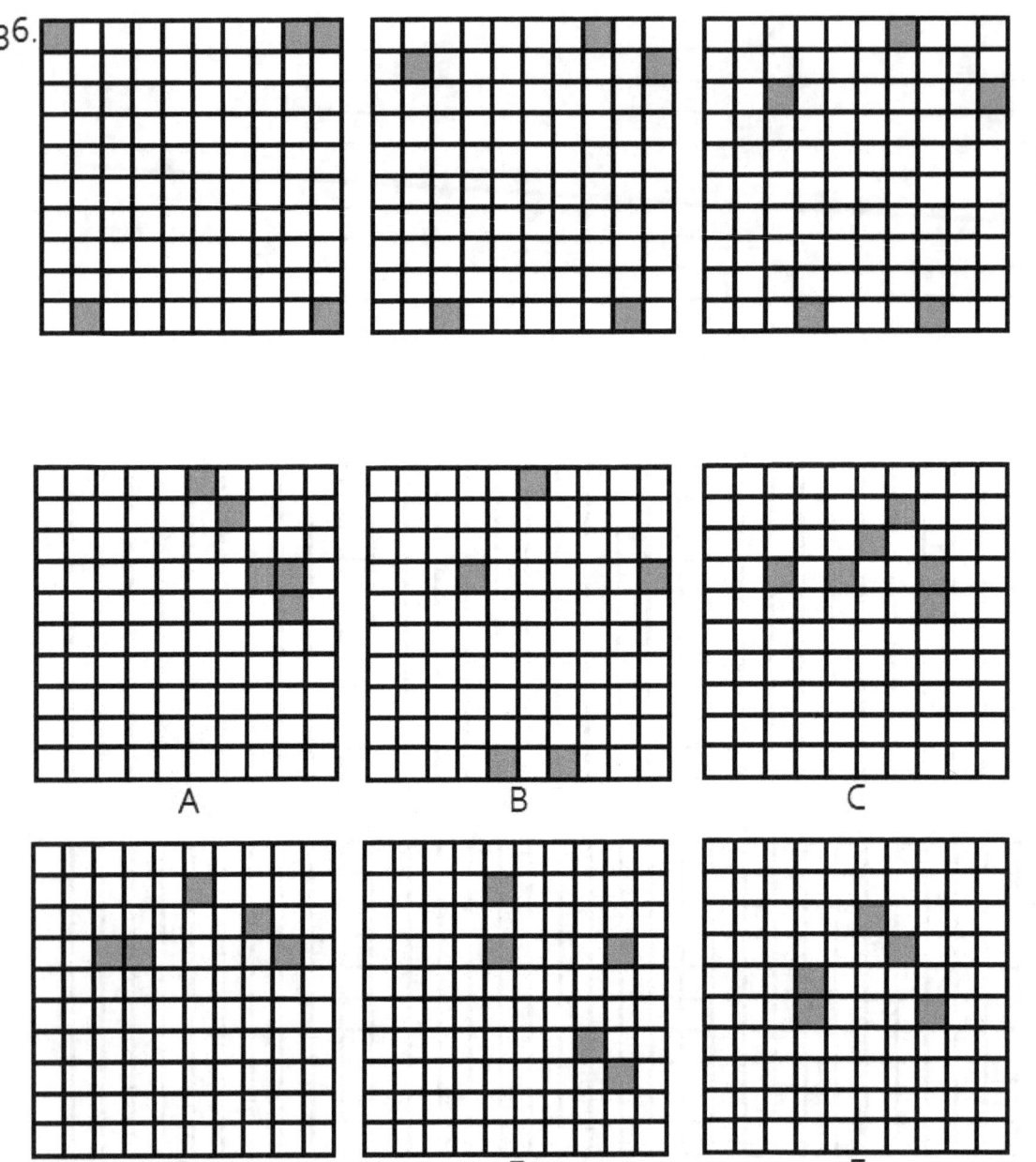

37.

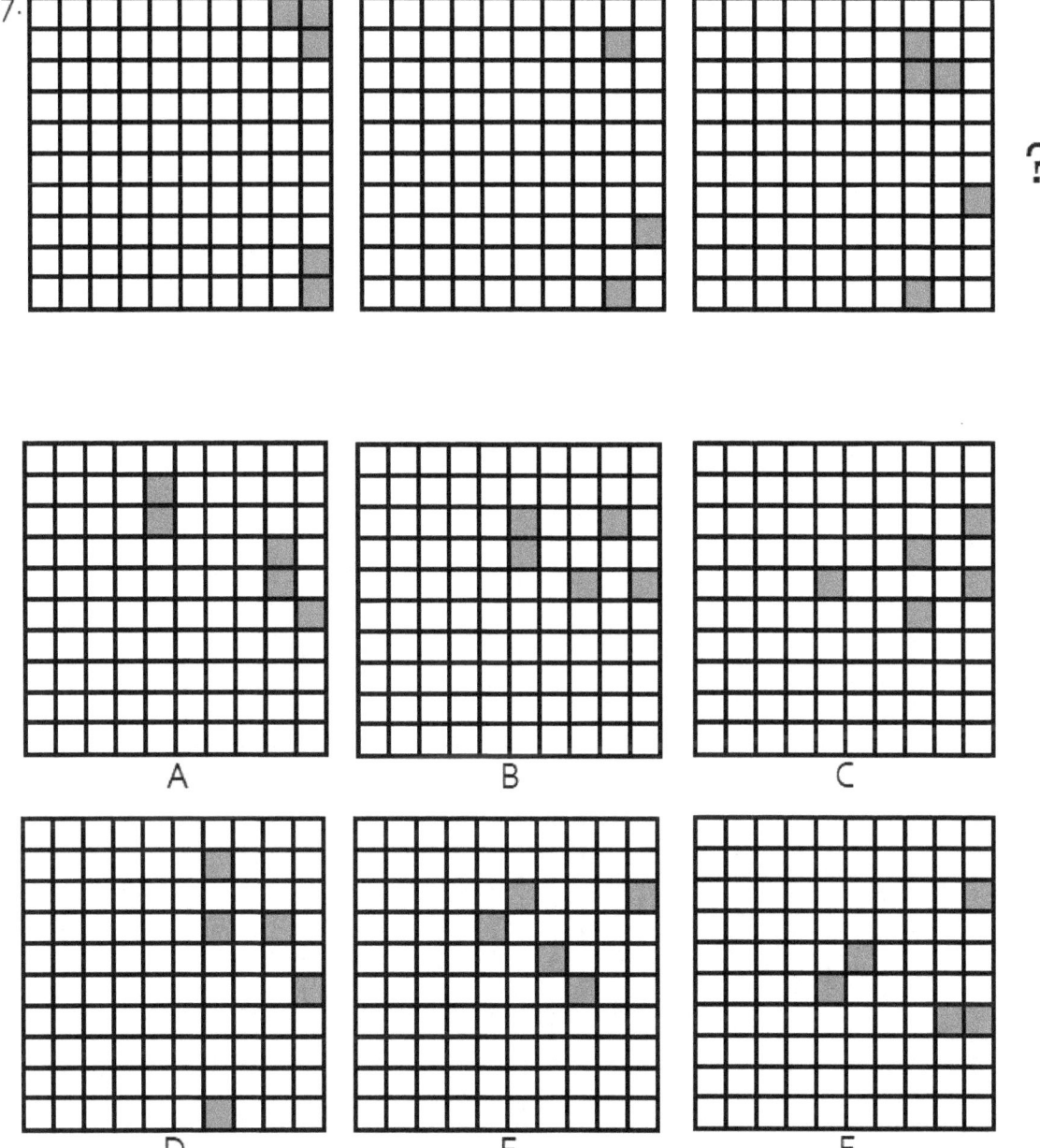

38.

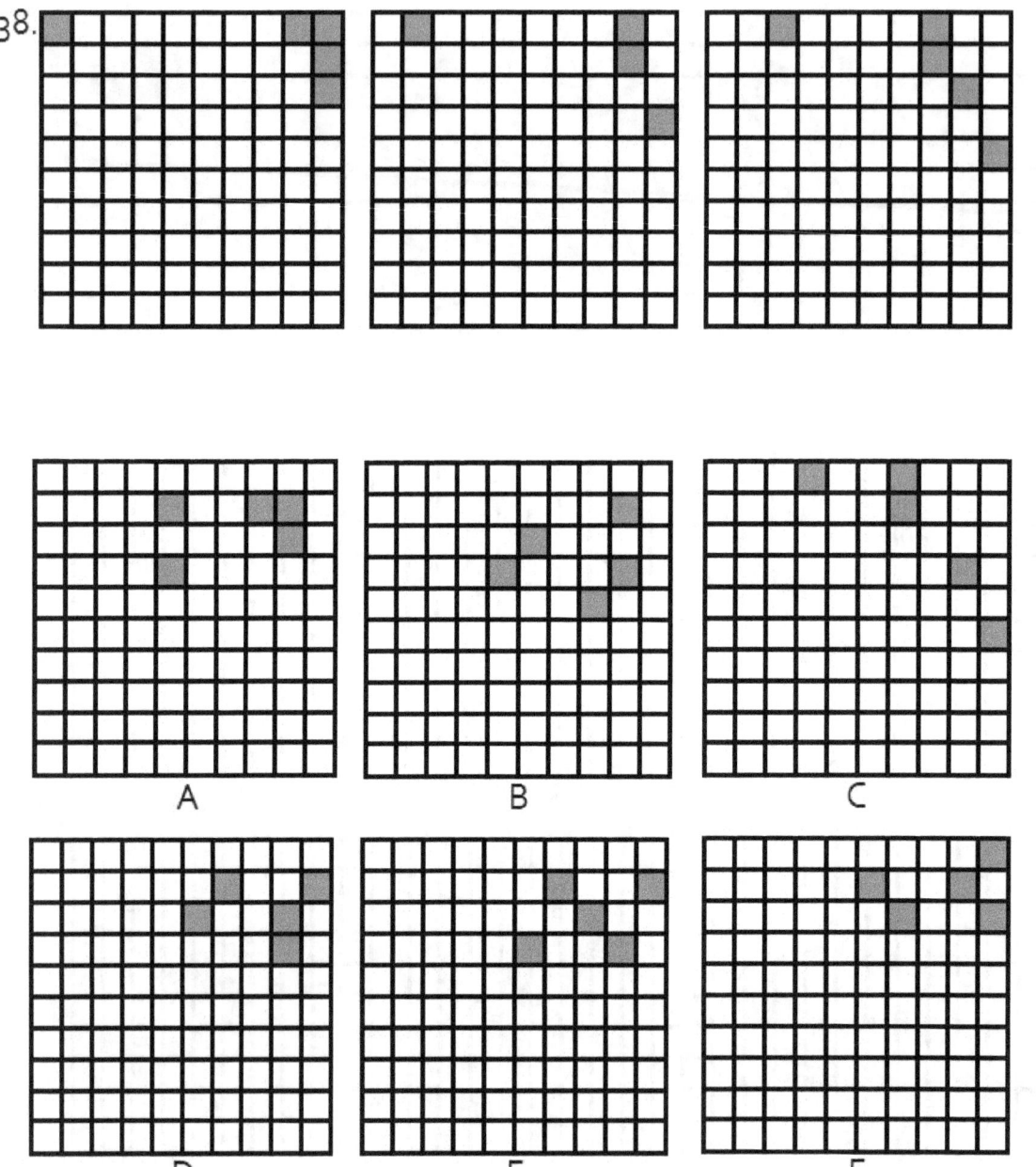

39.

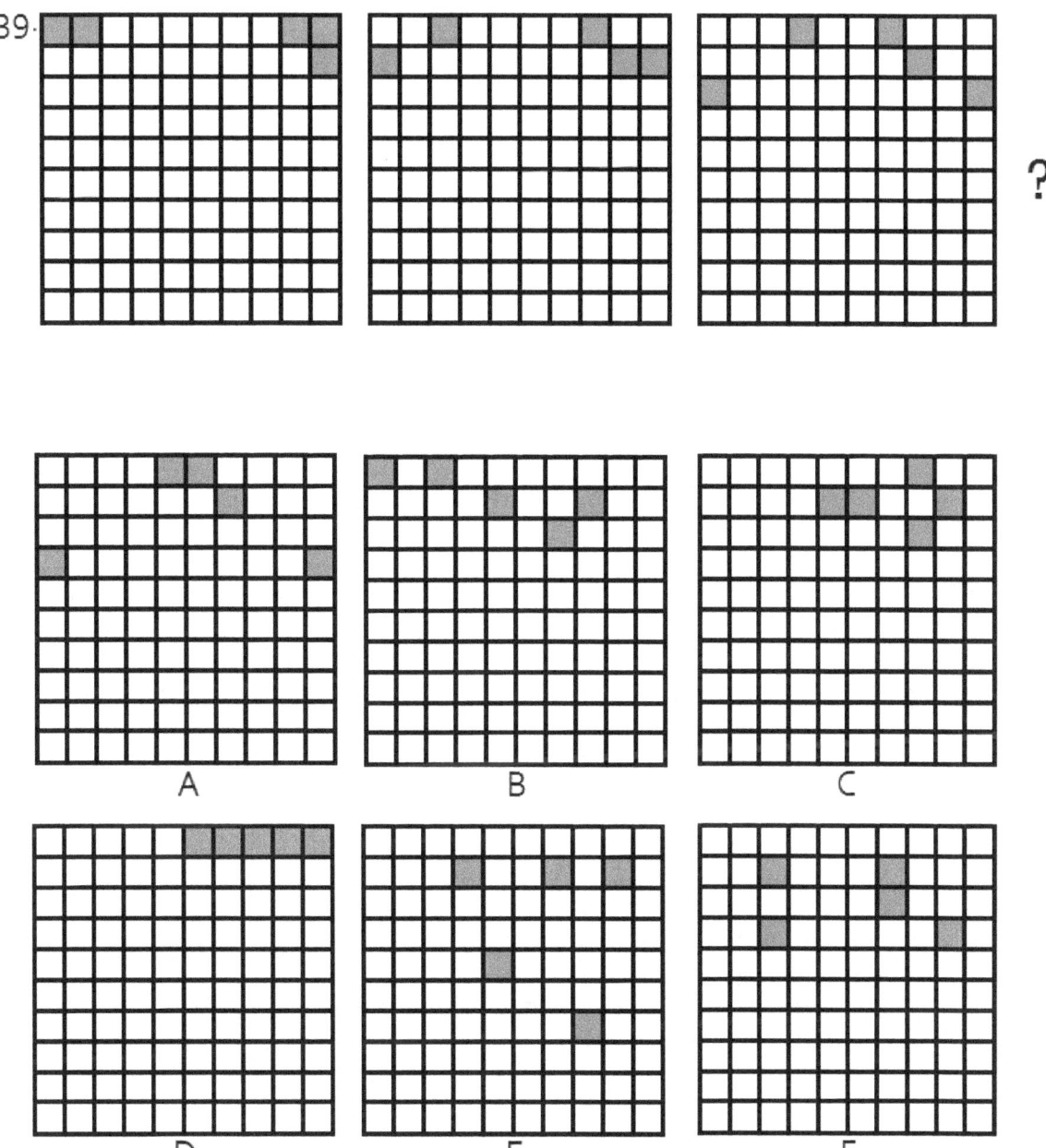

40.

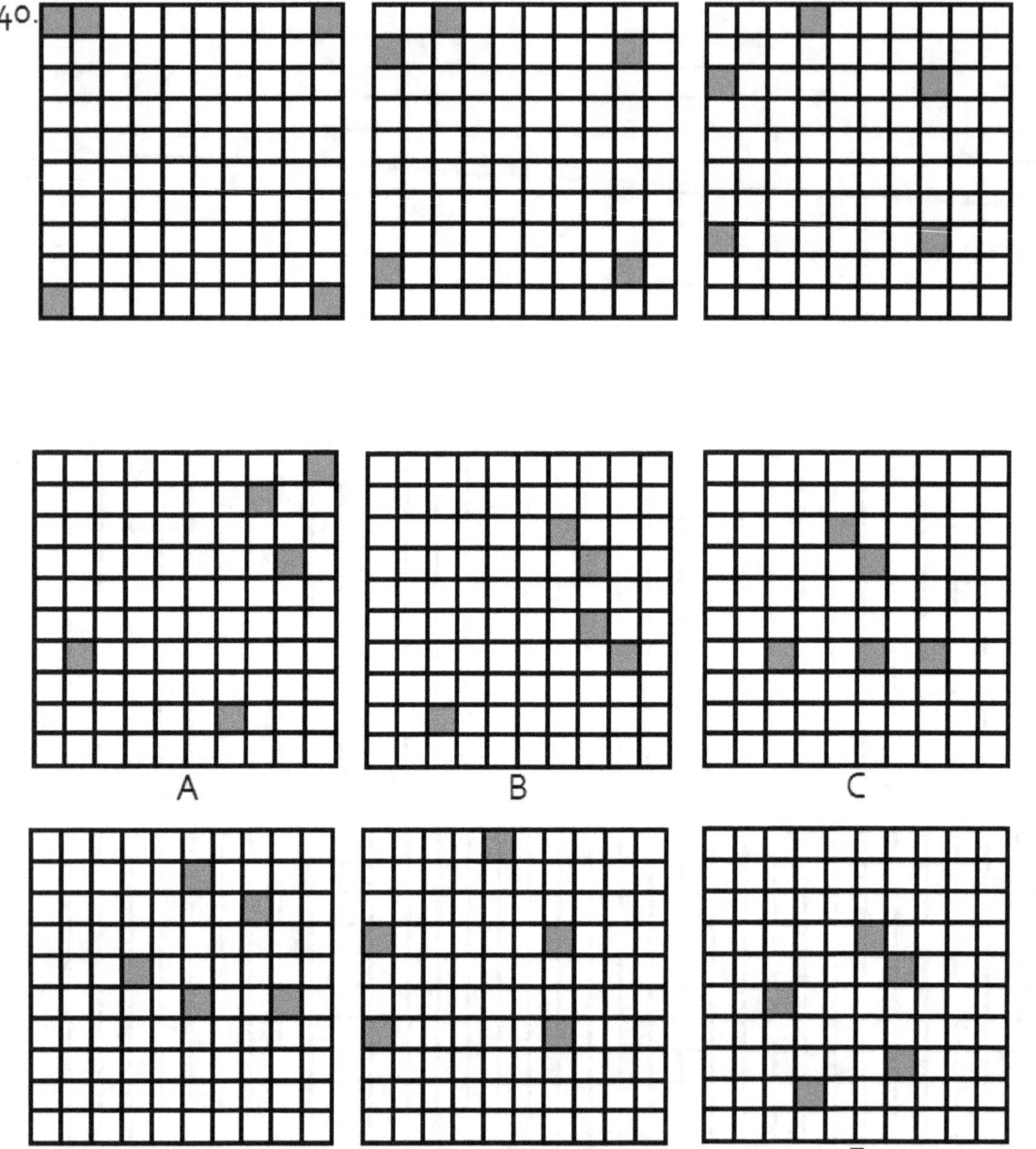

41.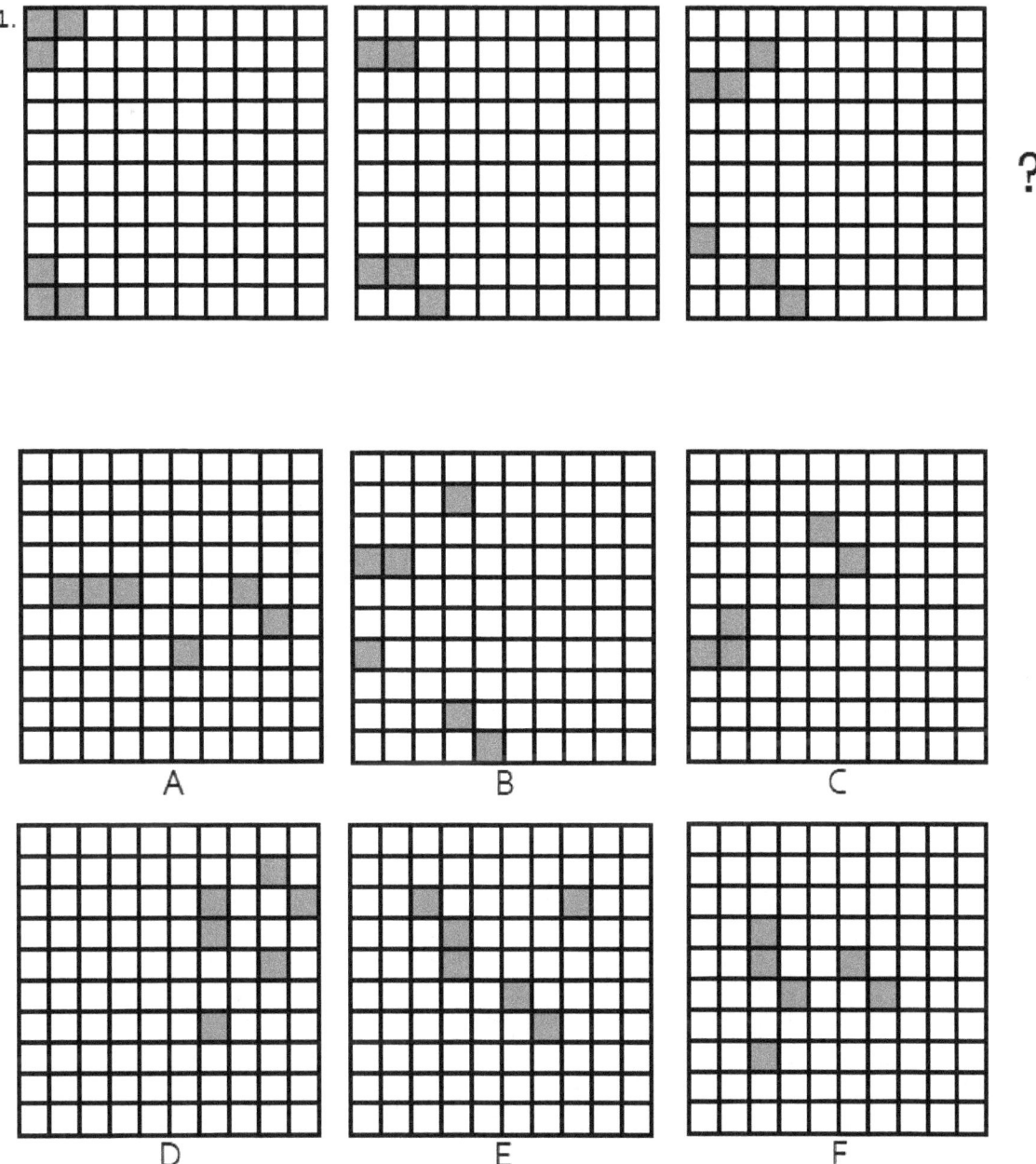

42.

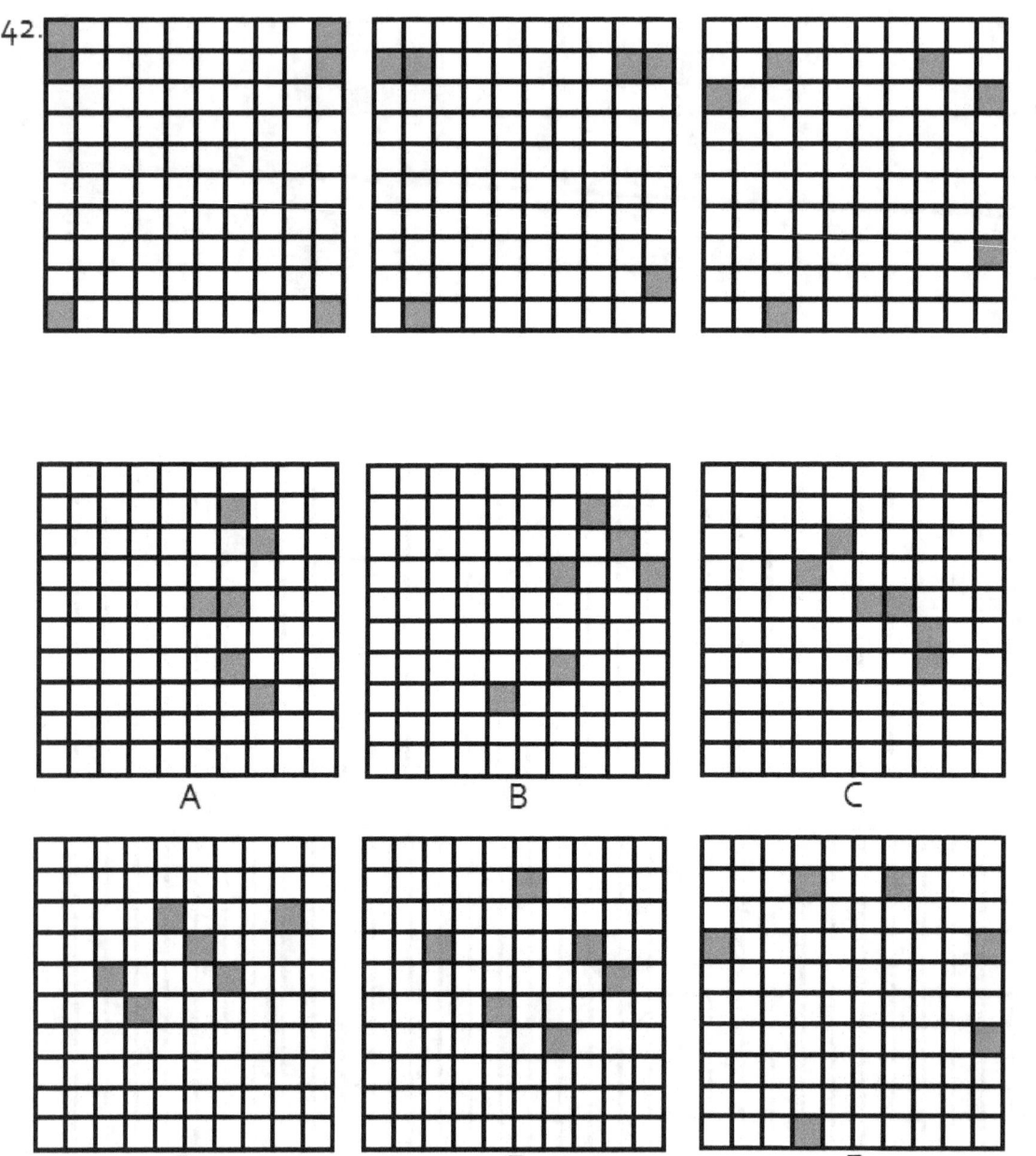

43.

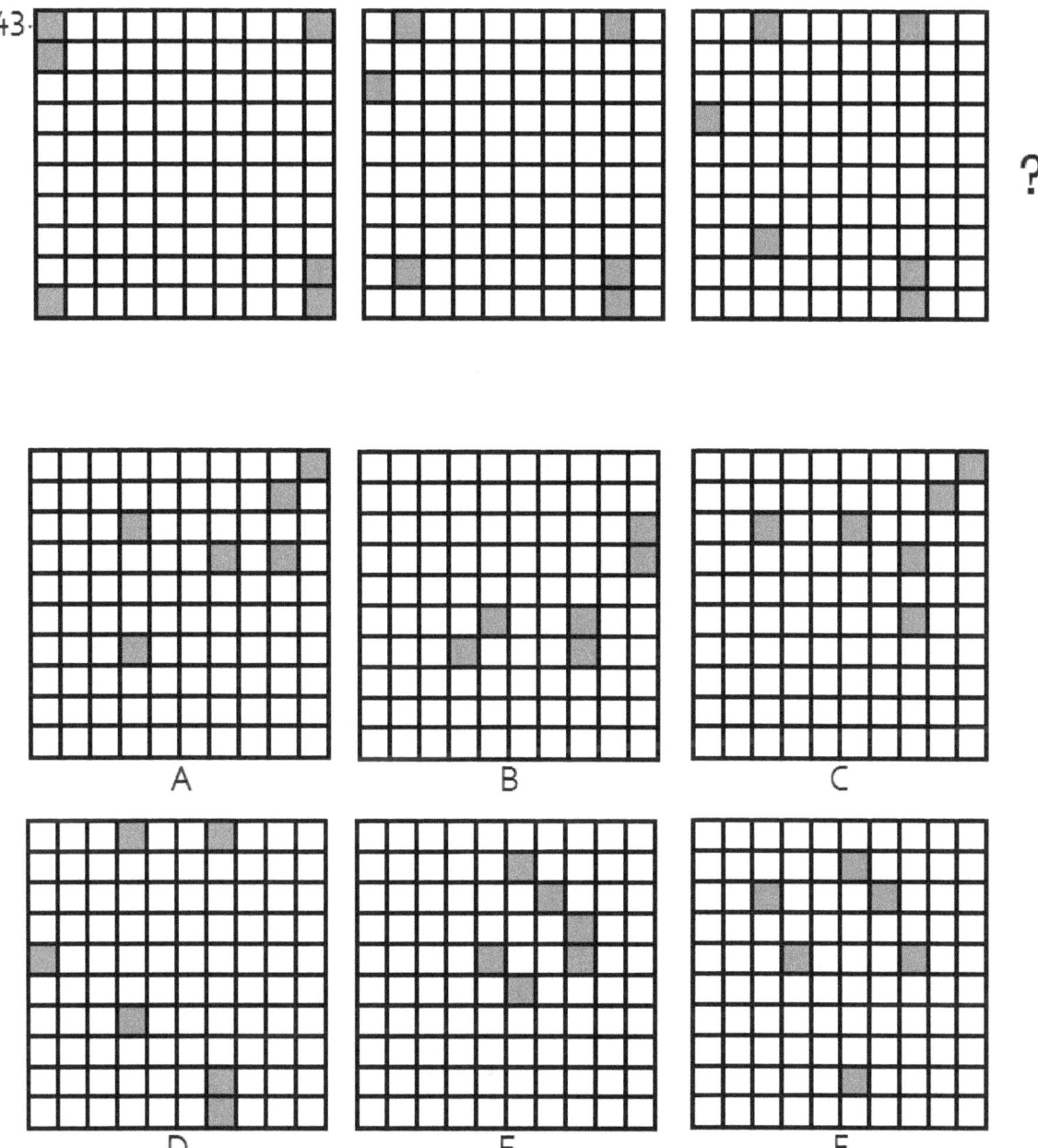

44.

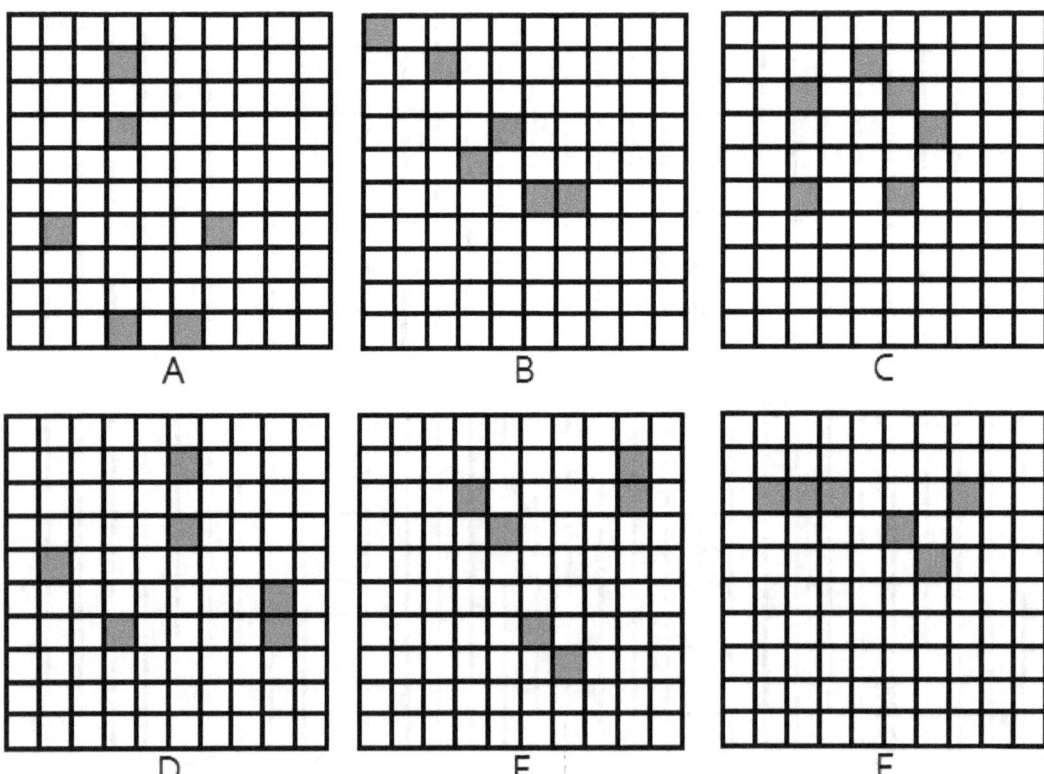

45.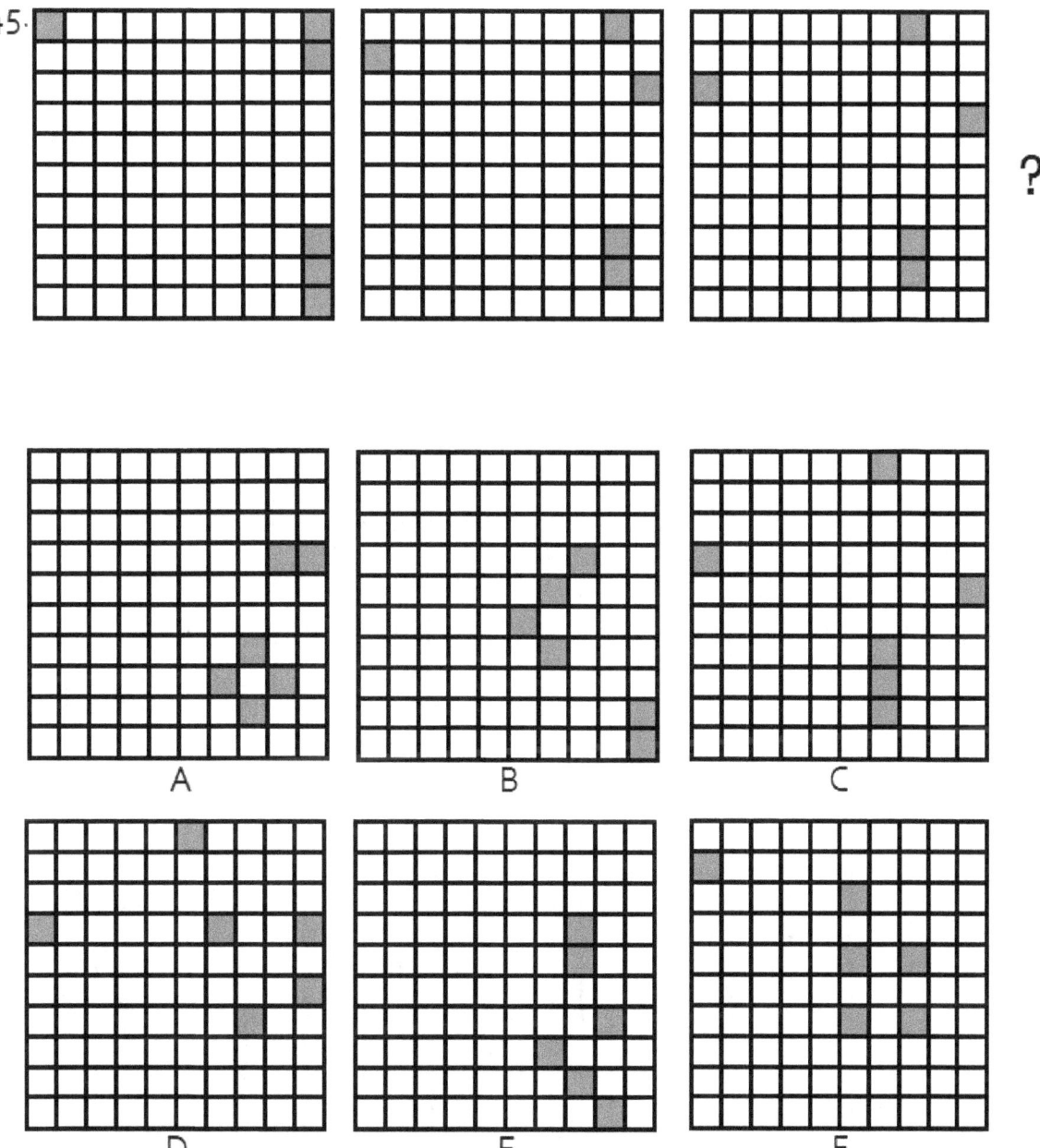

46.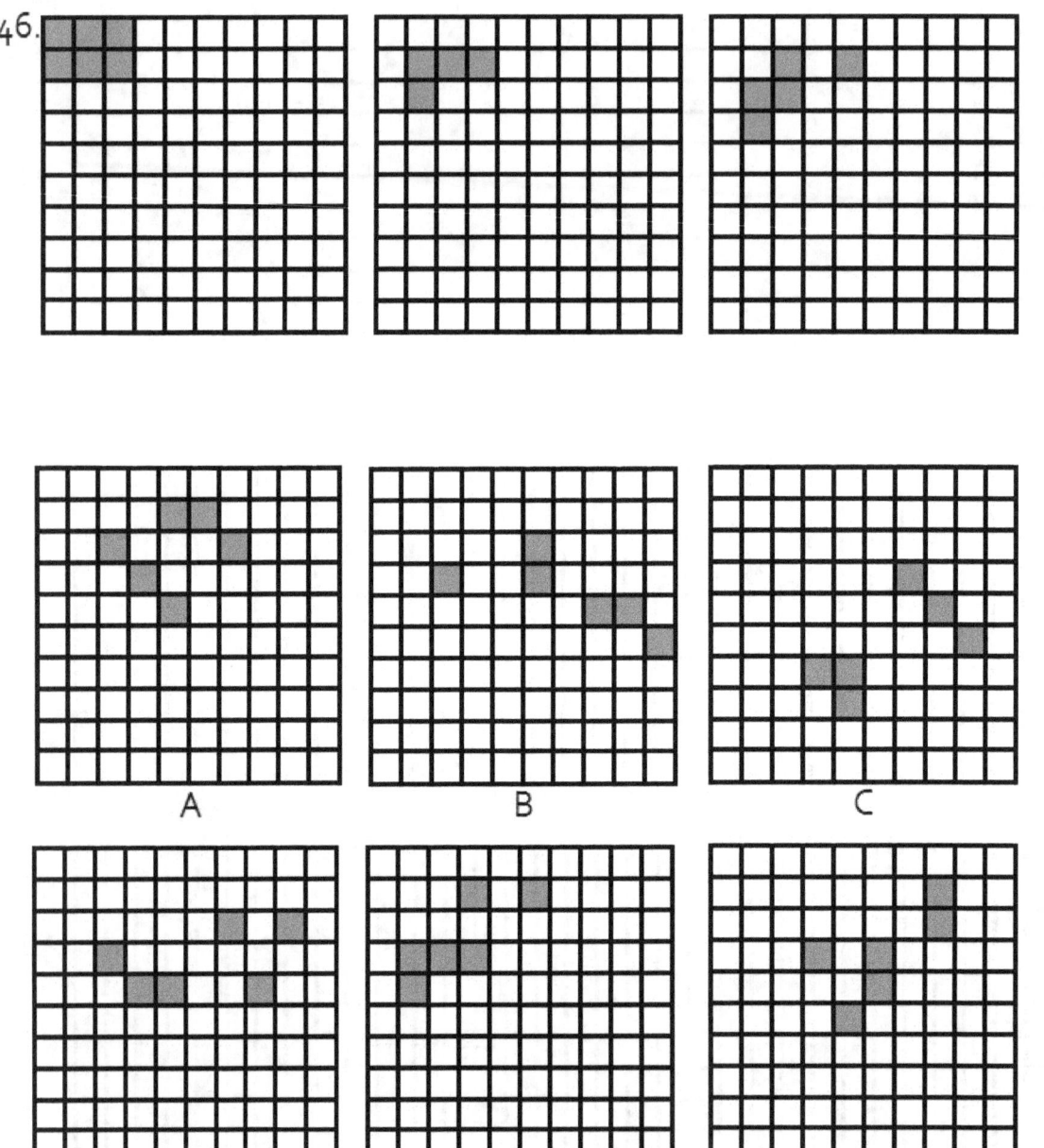

47.

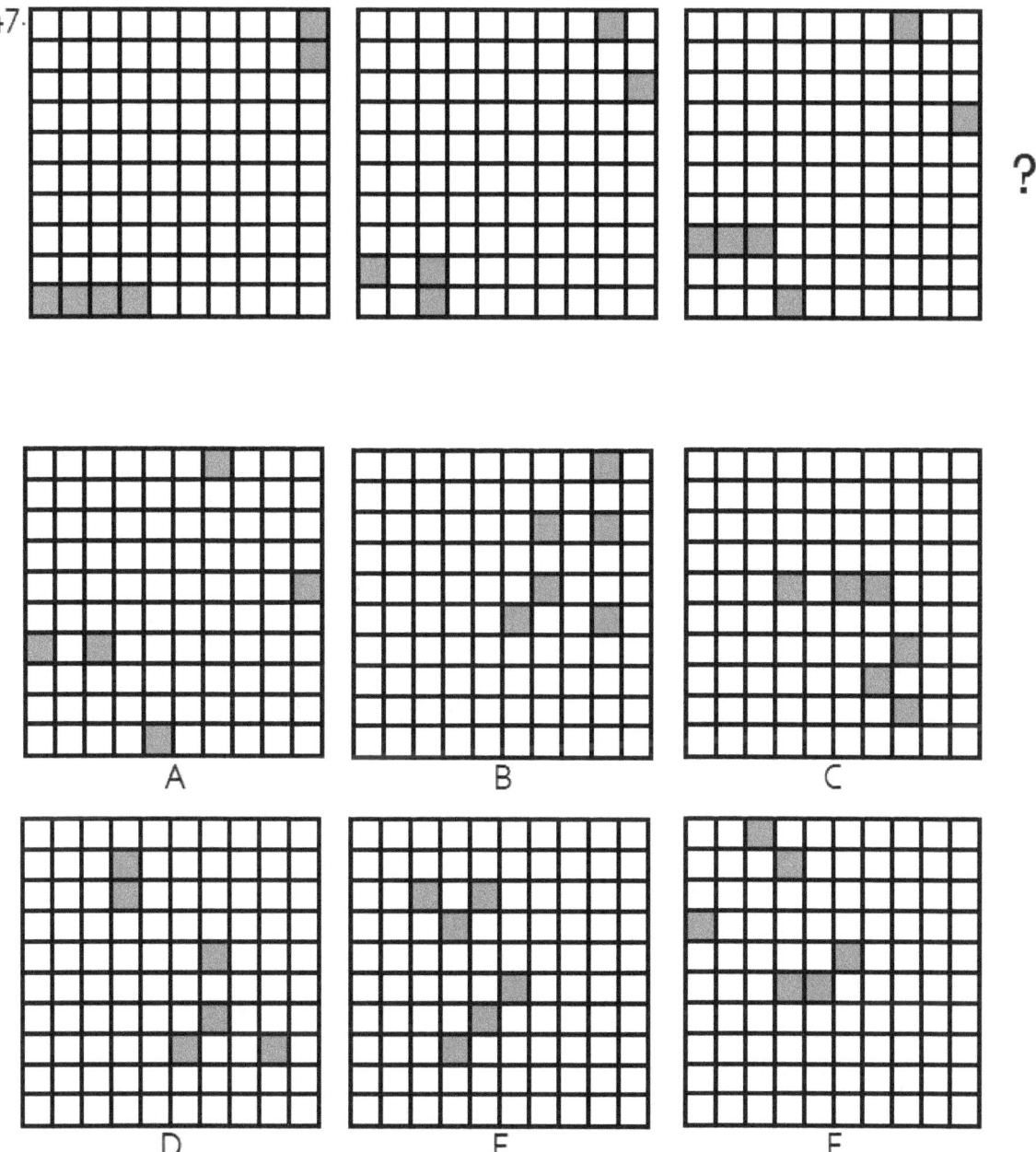

48.

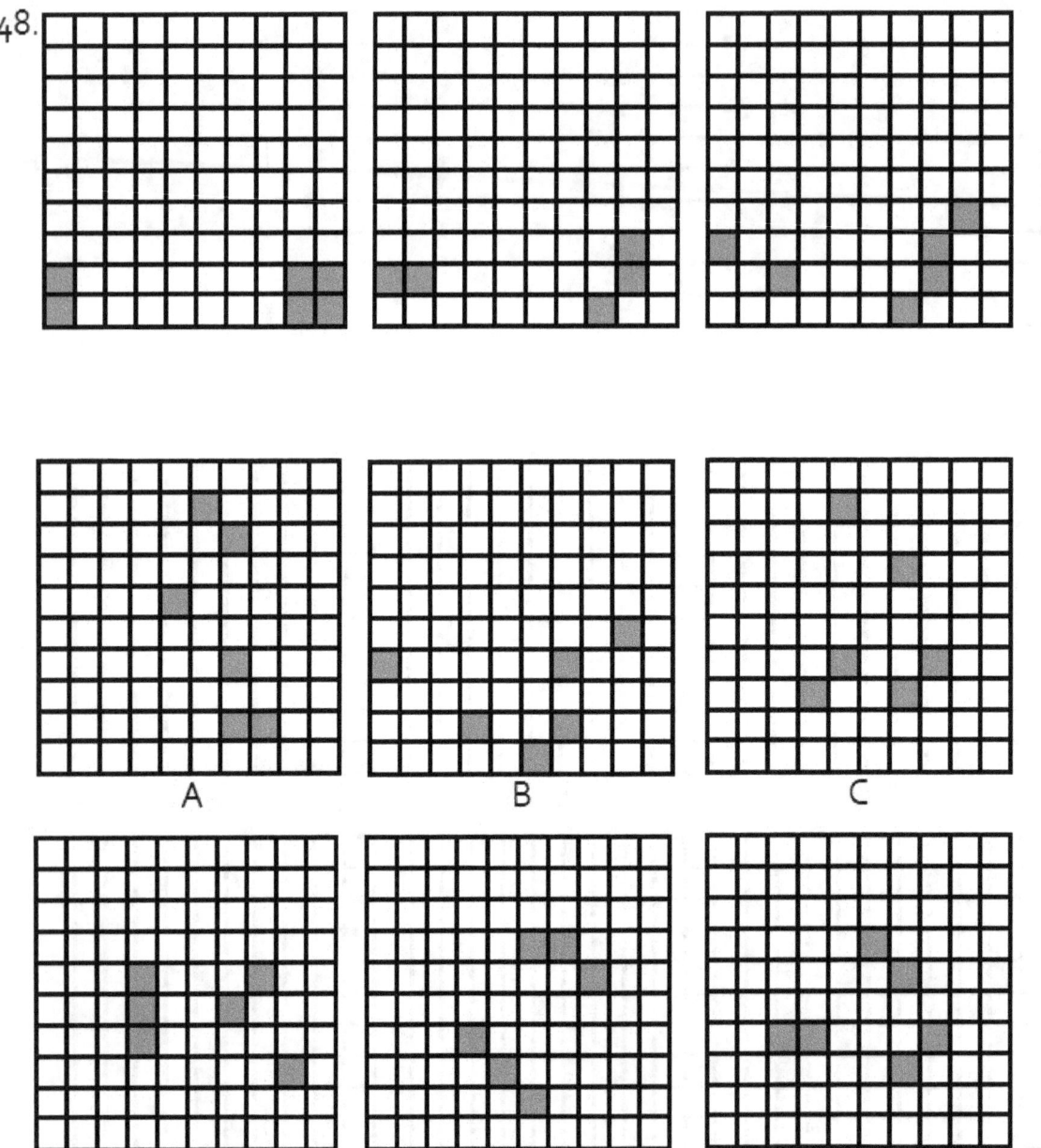

49.

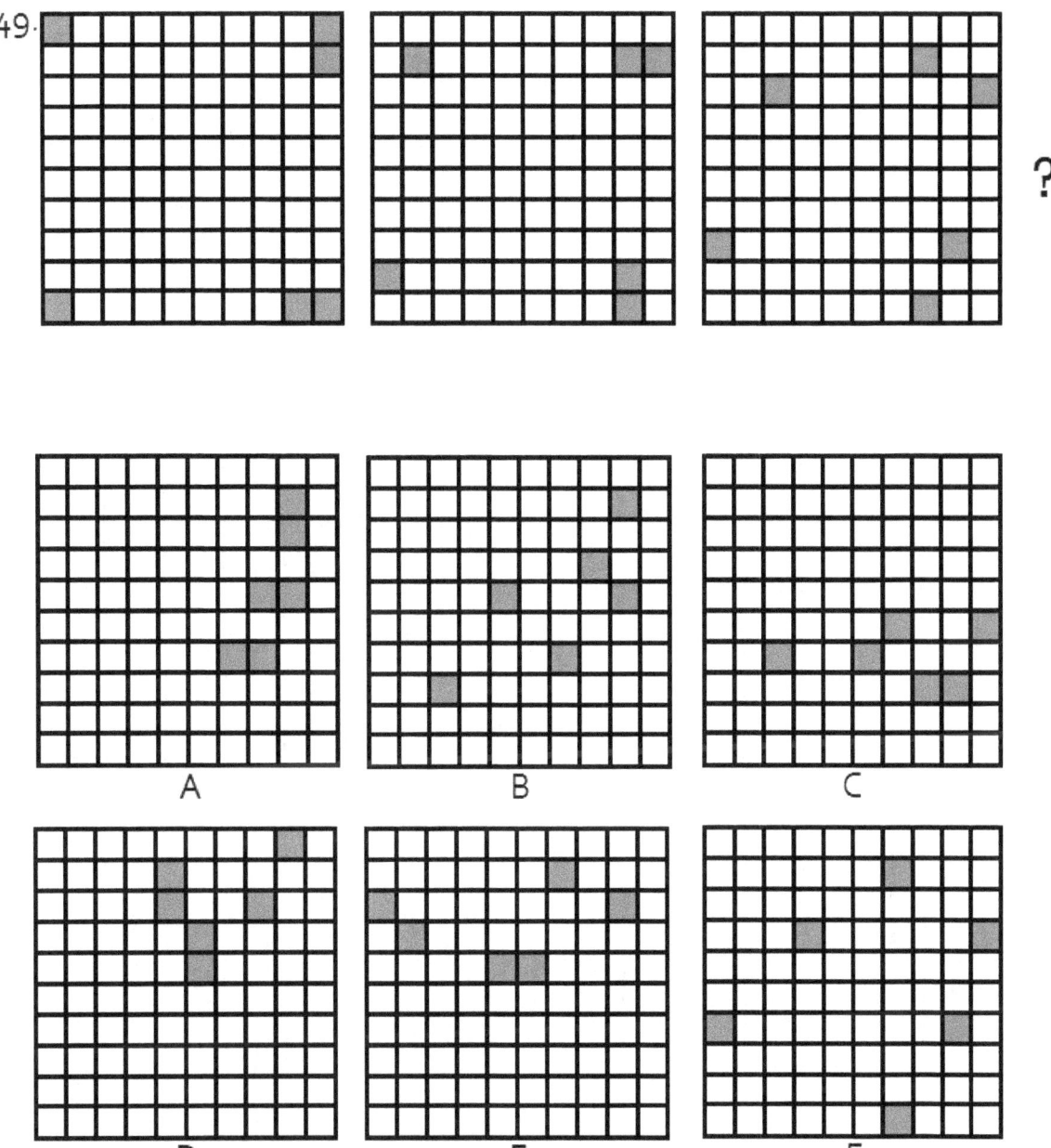

50.

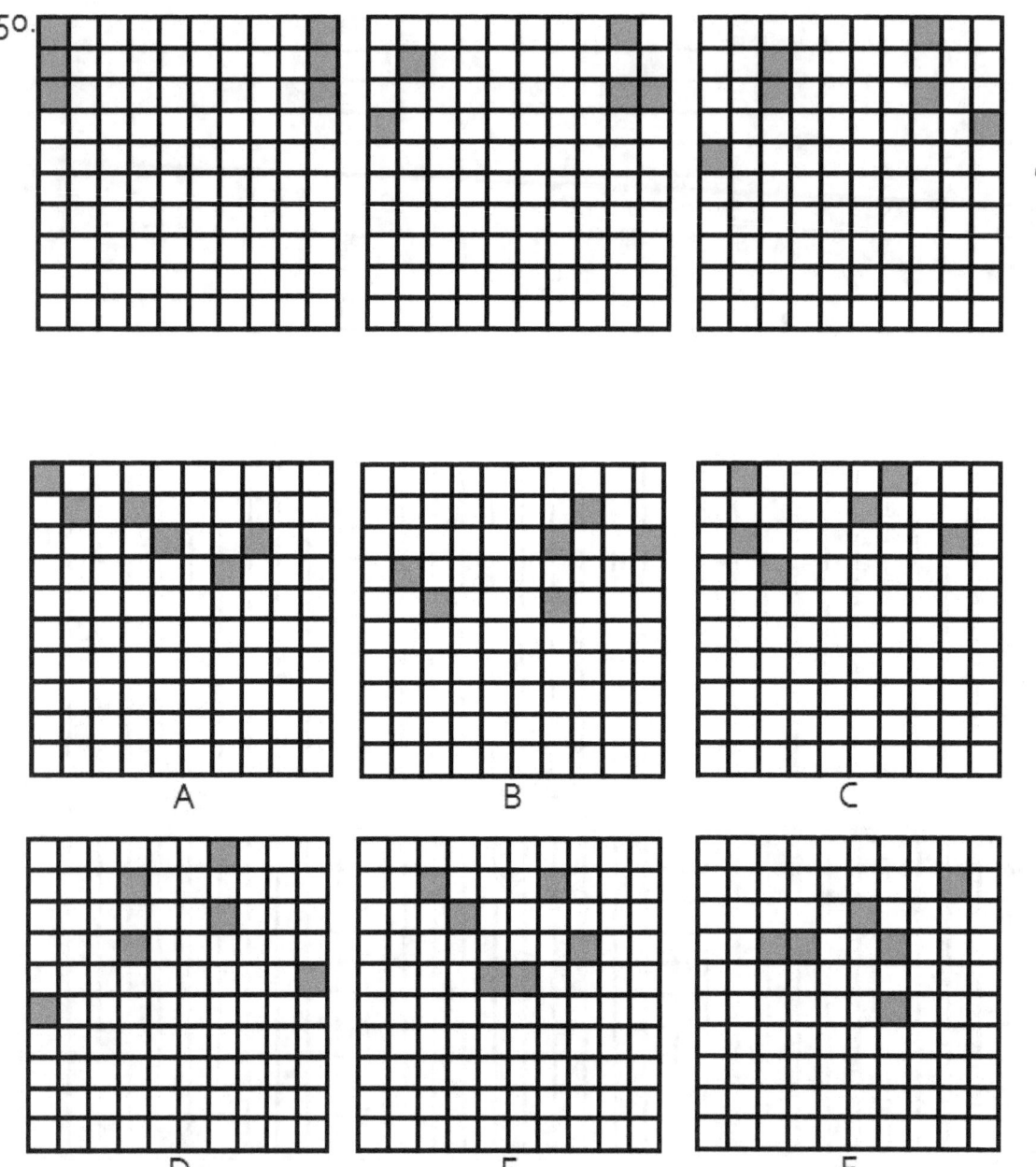

51.

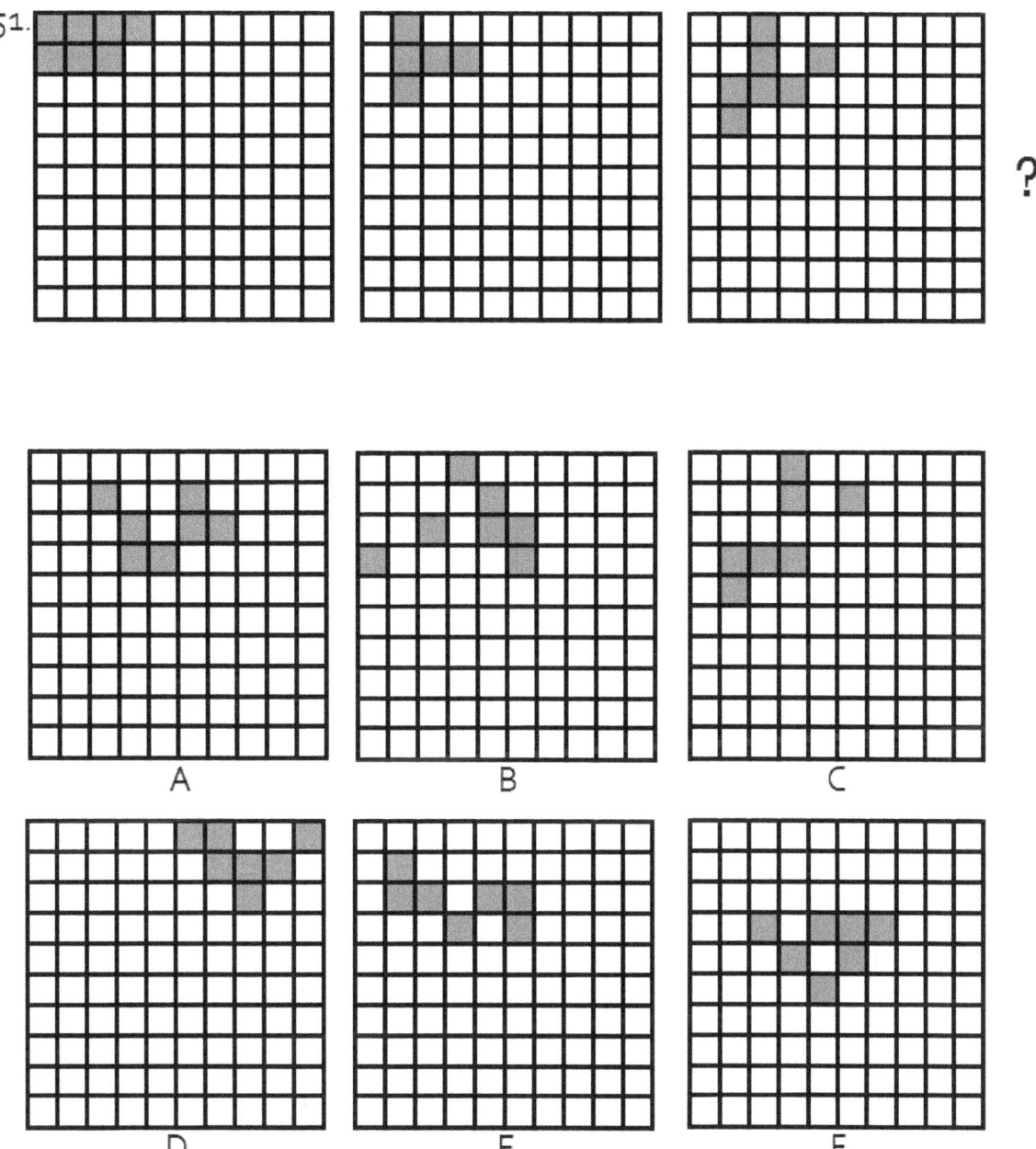

52.

53.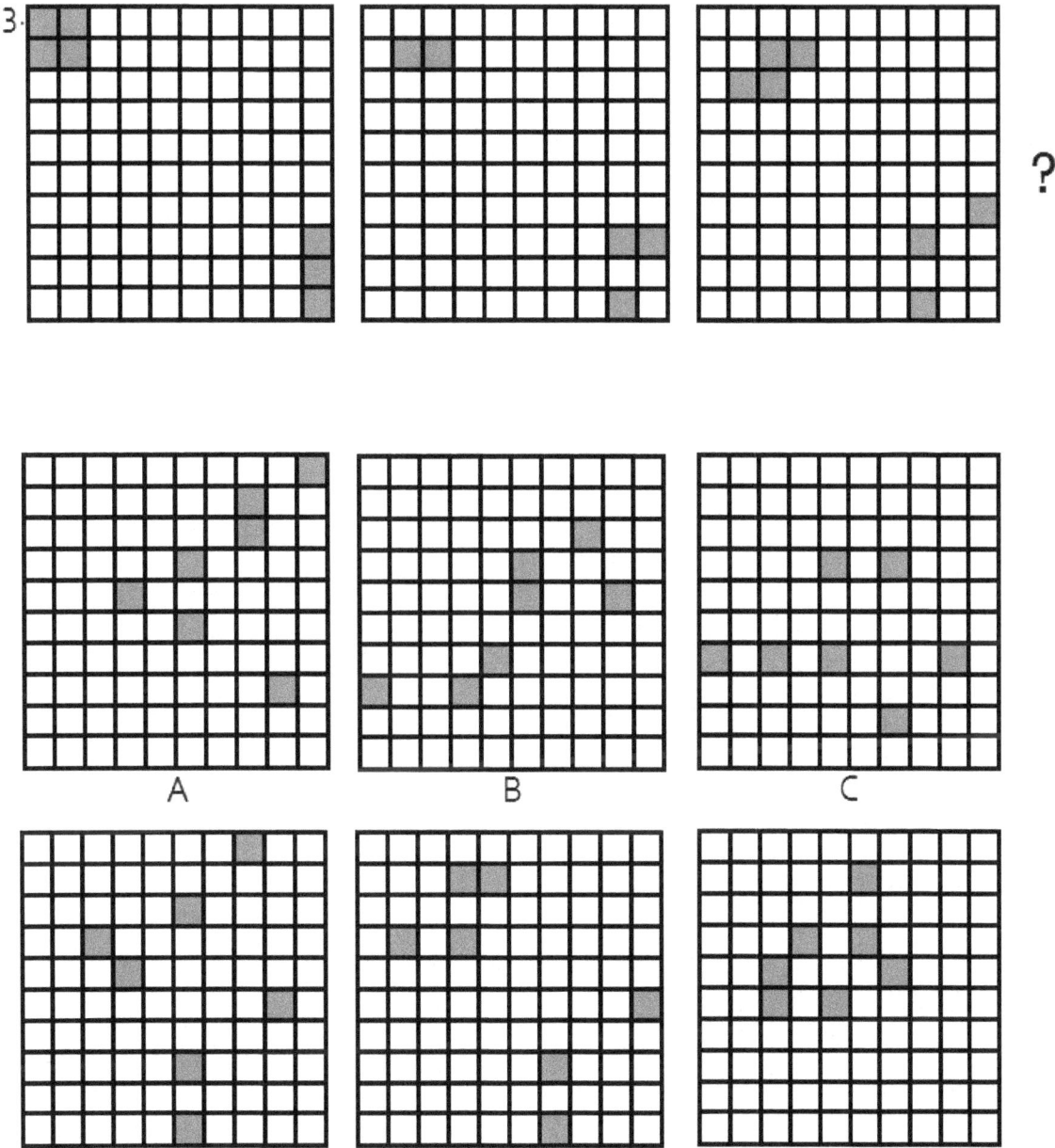

54.

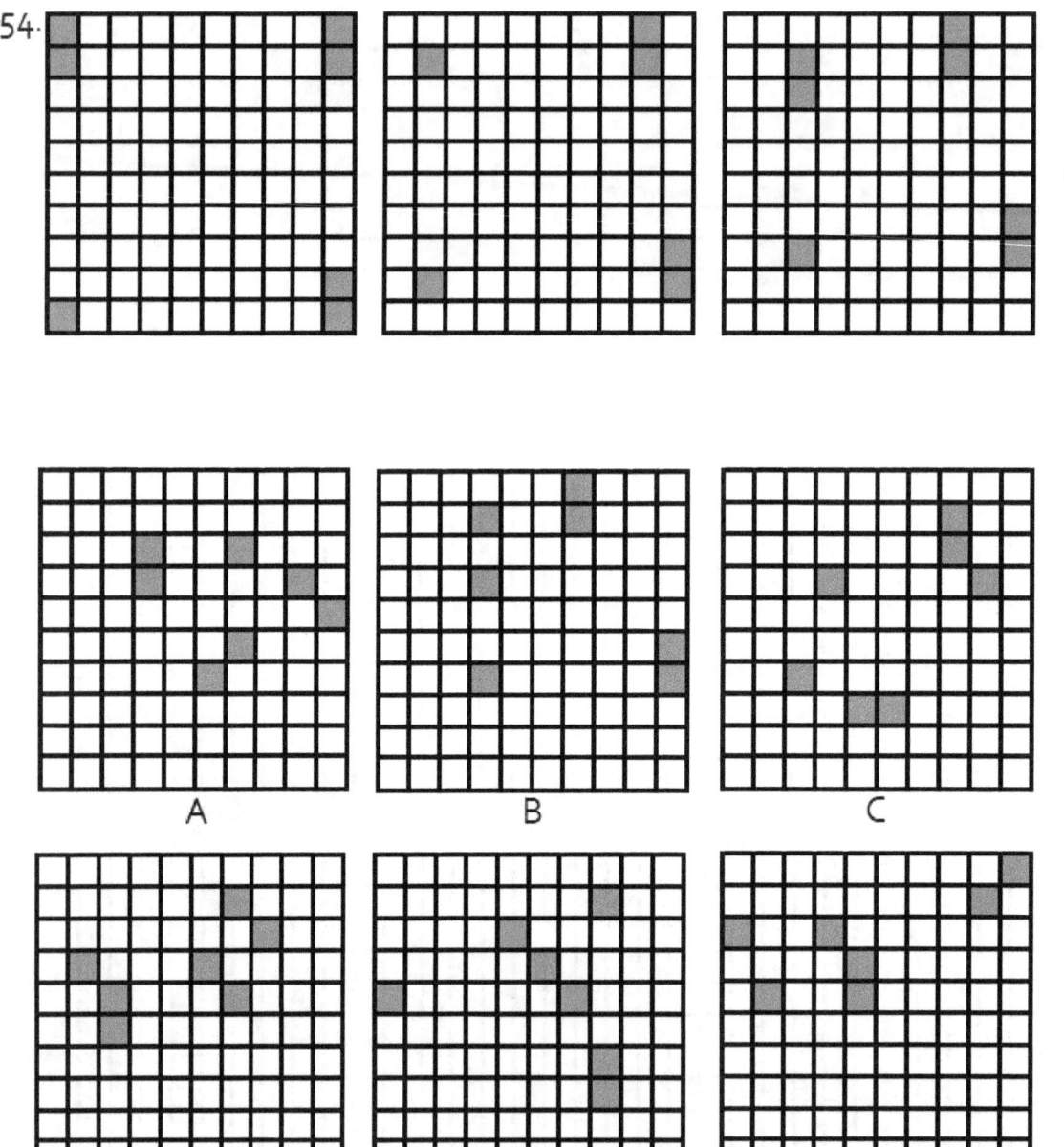

55.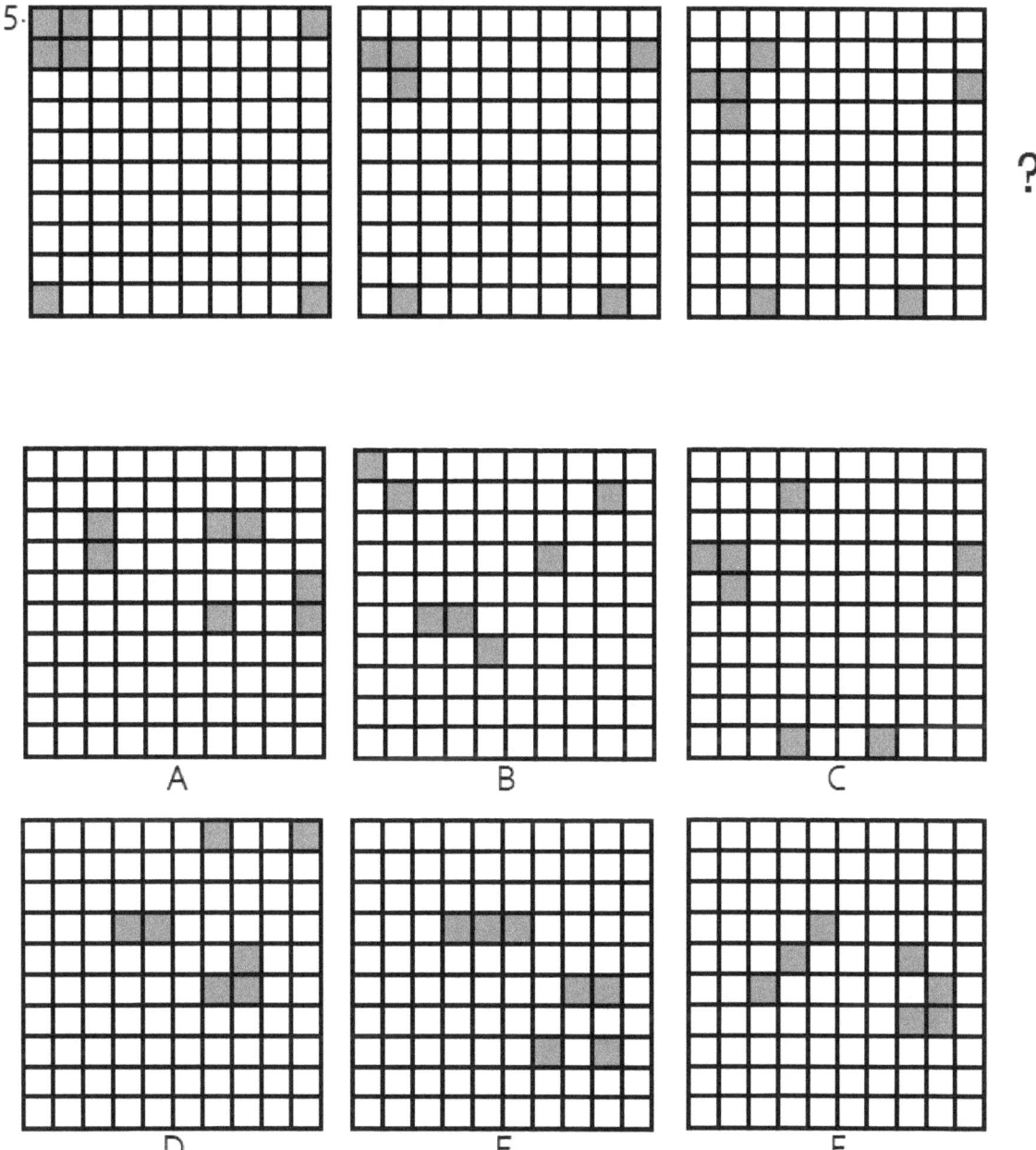

56.

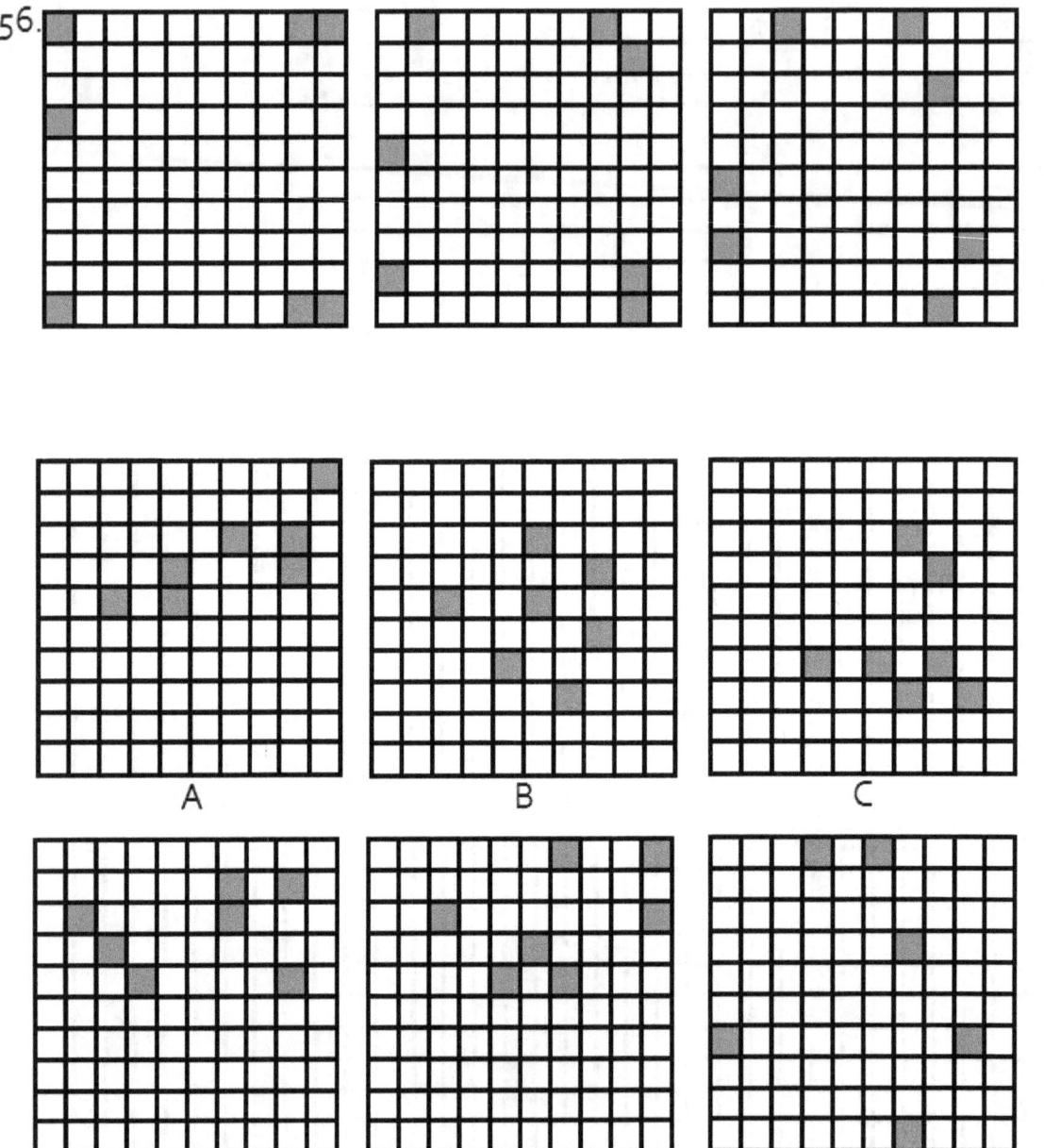

57.

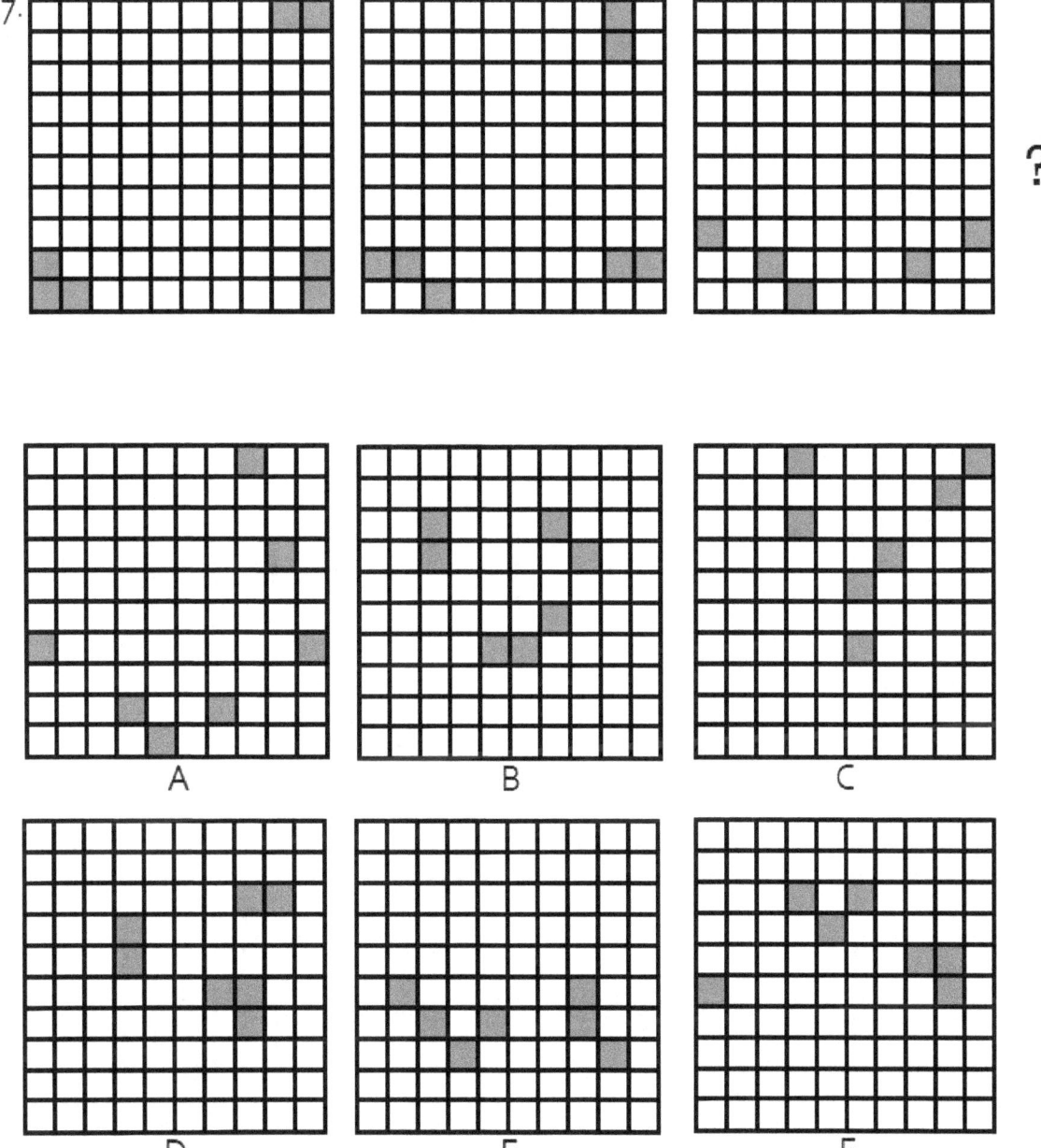

58.

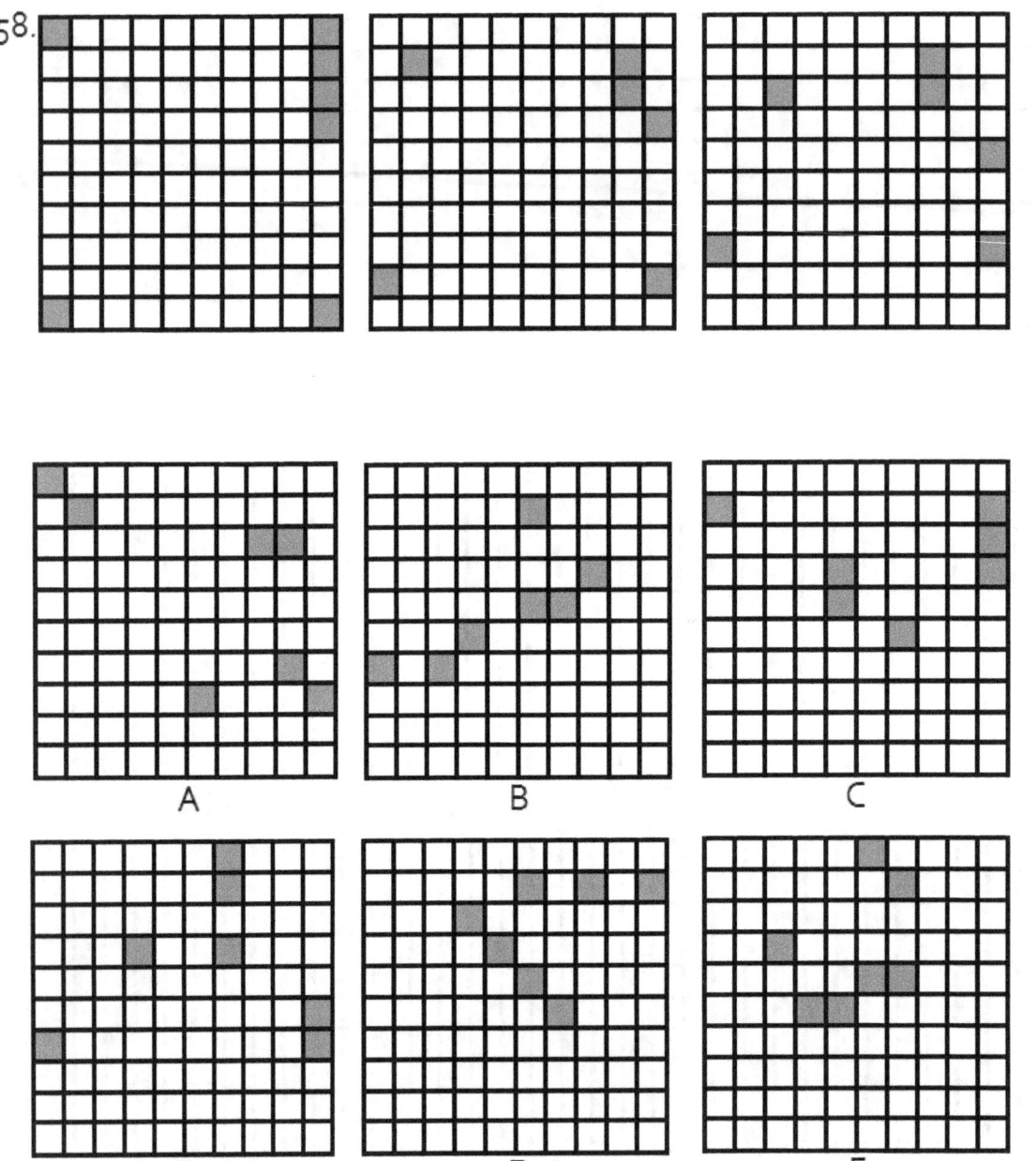

59.

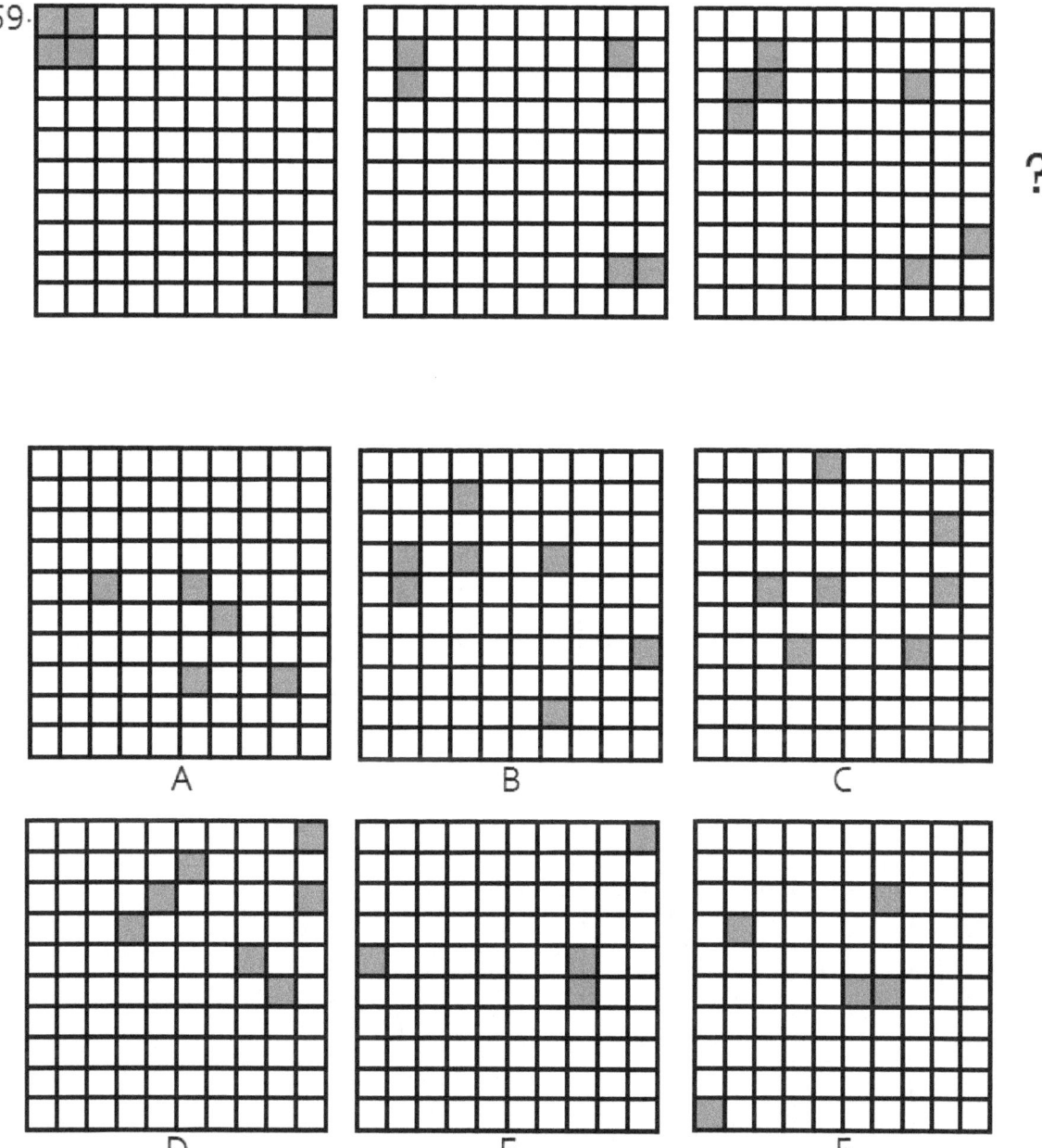

60.

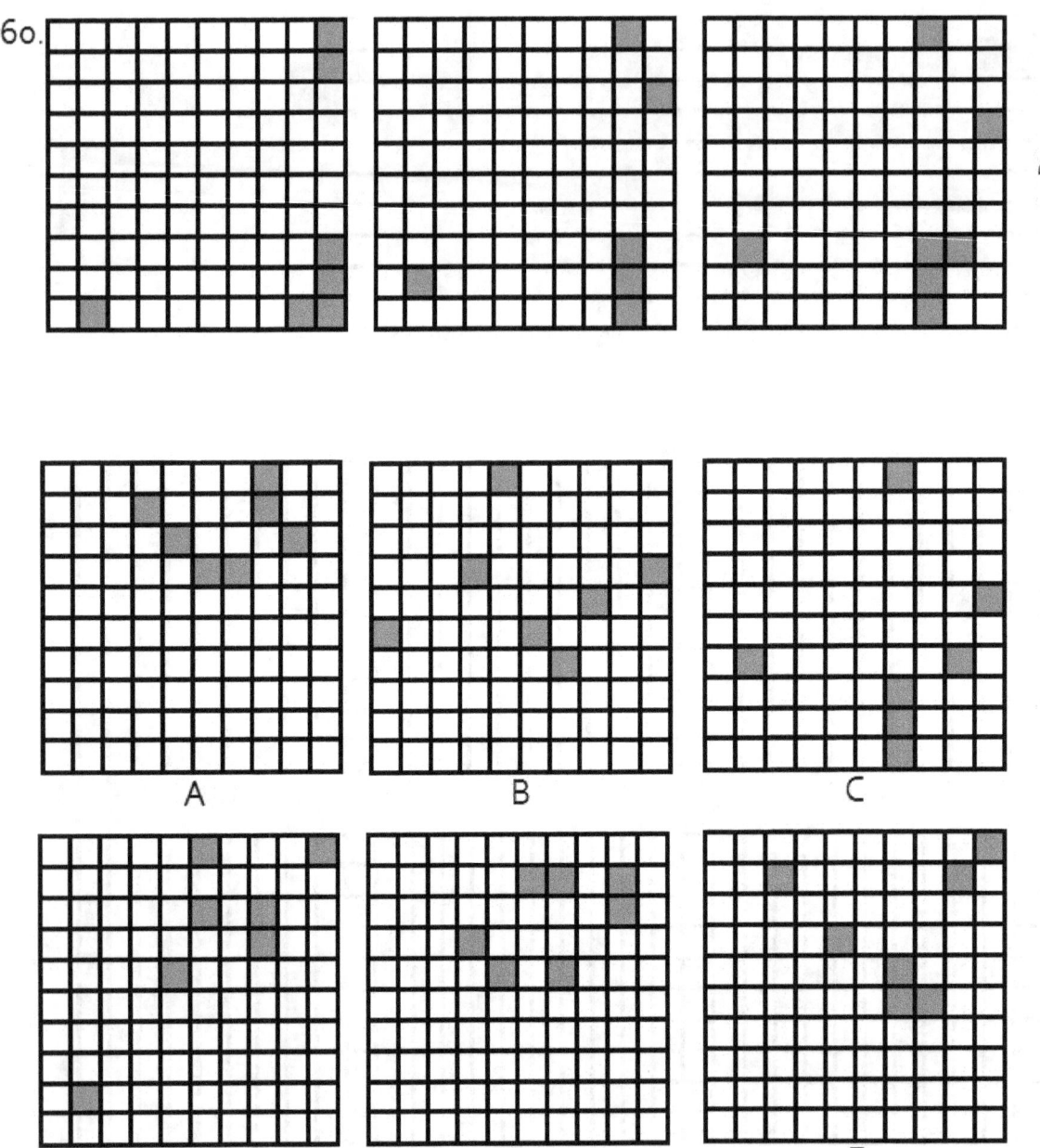

61.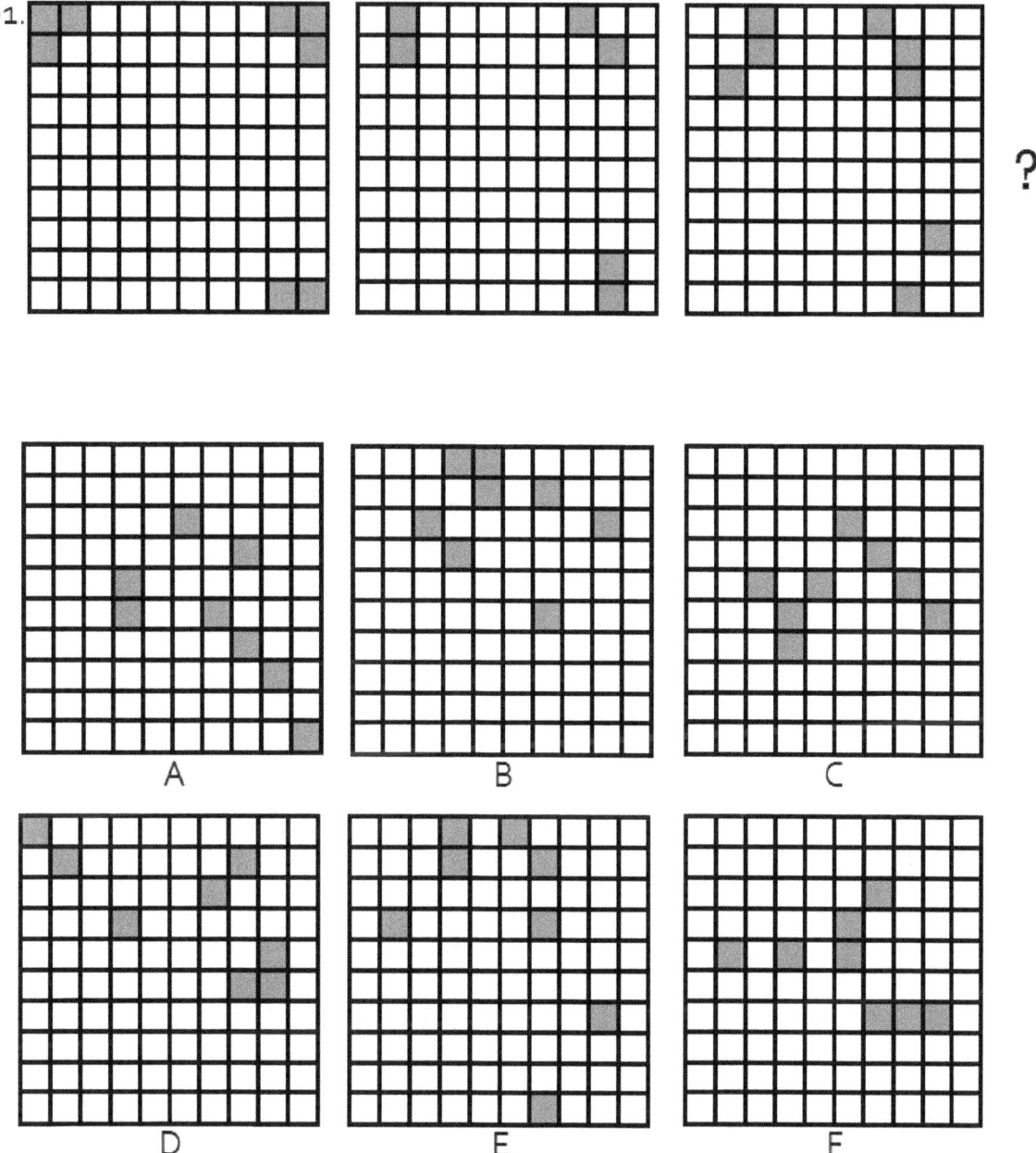

62.

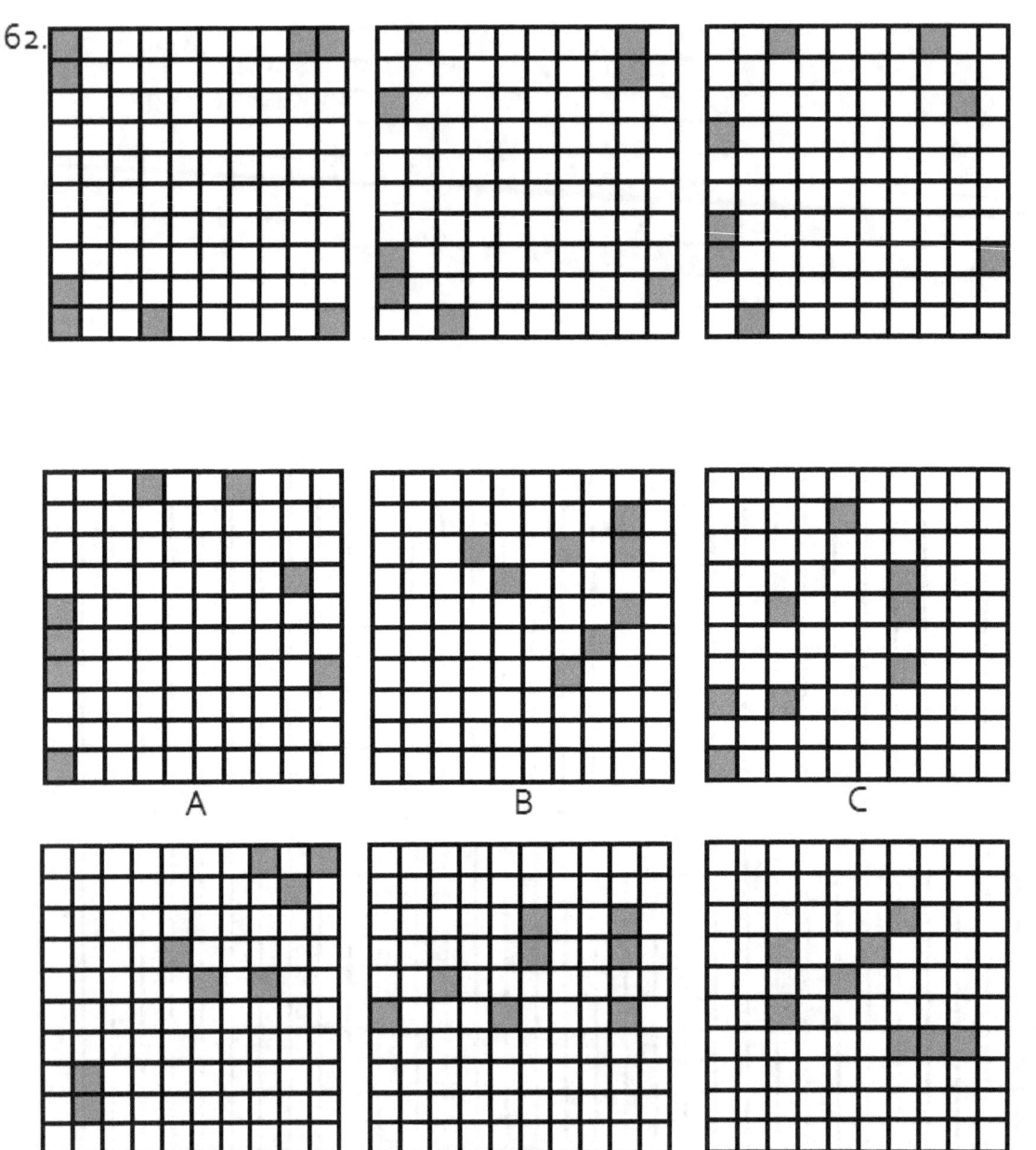

63.

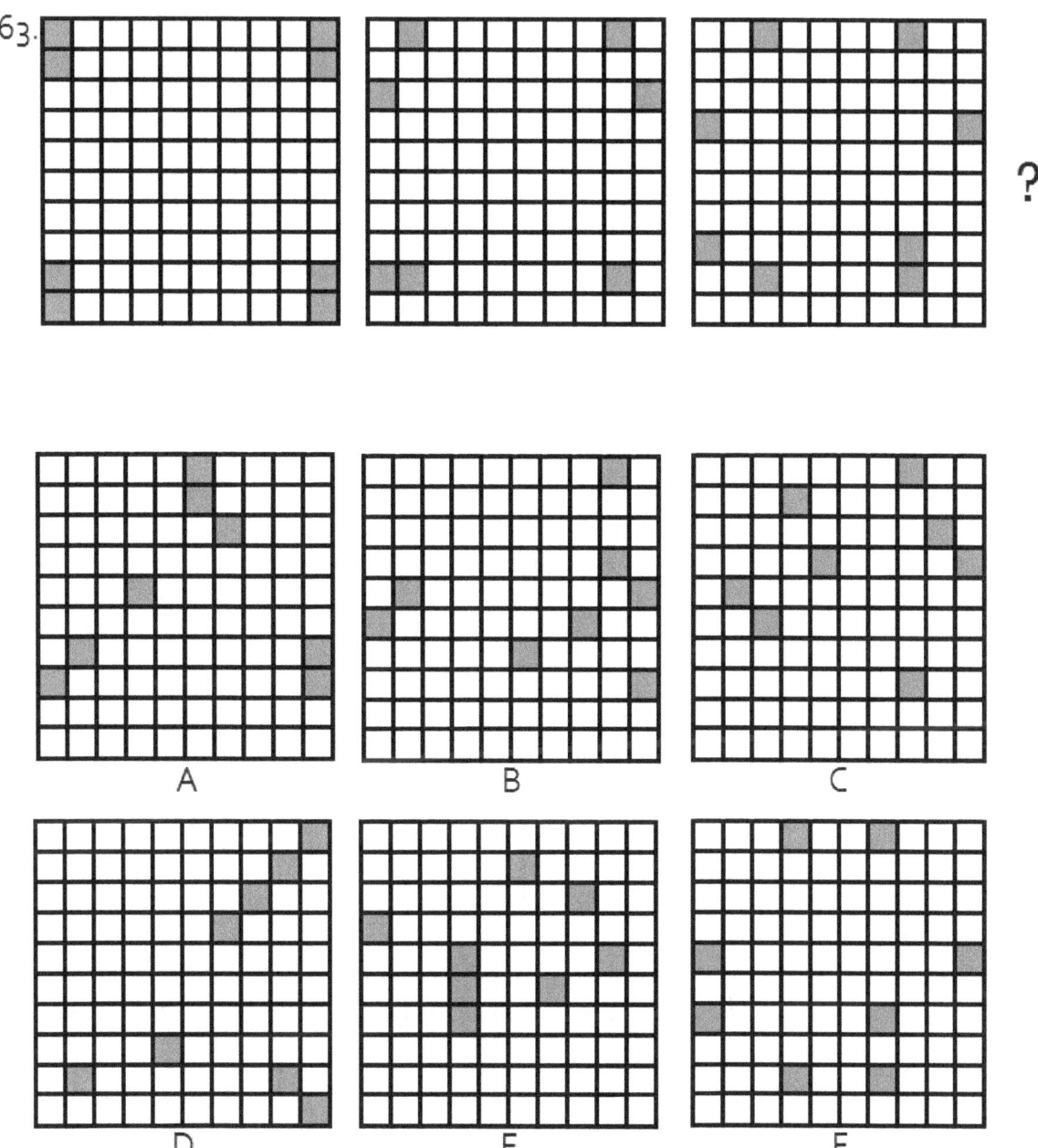

64.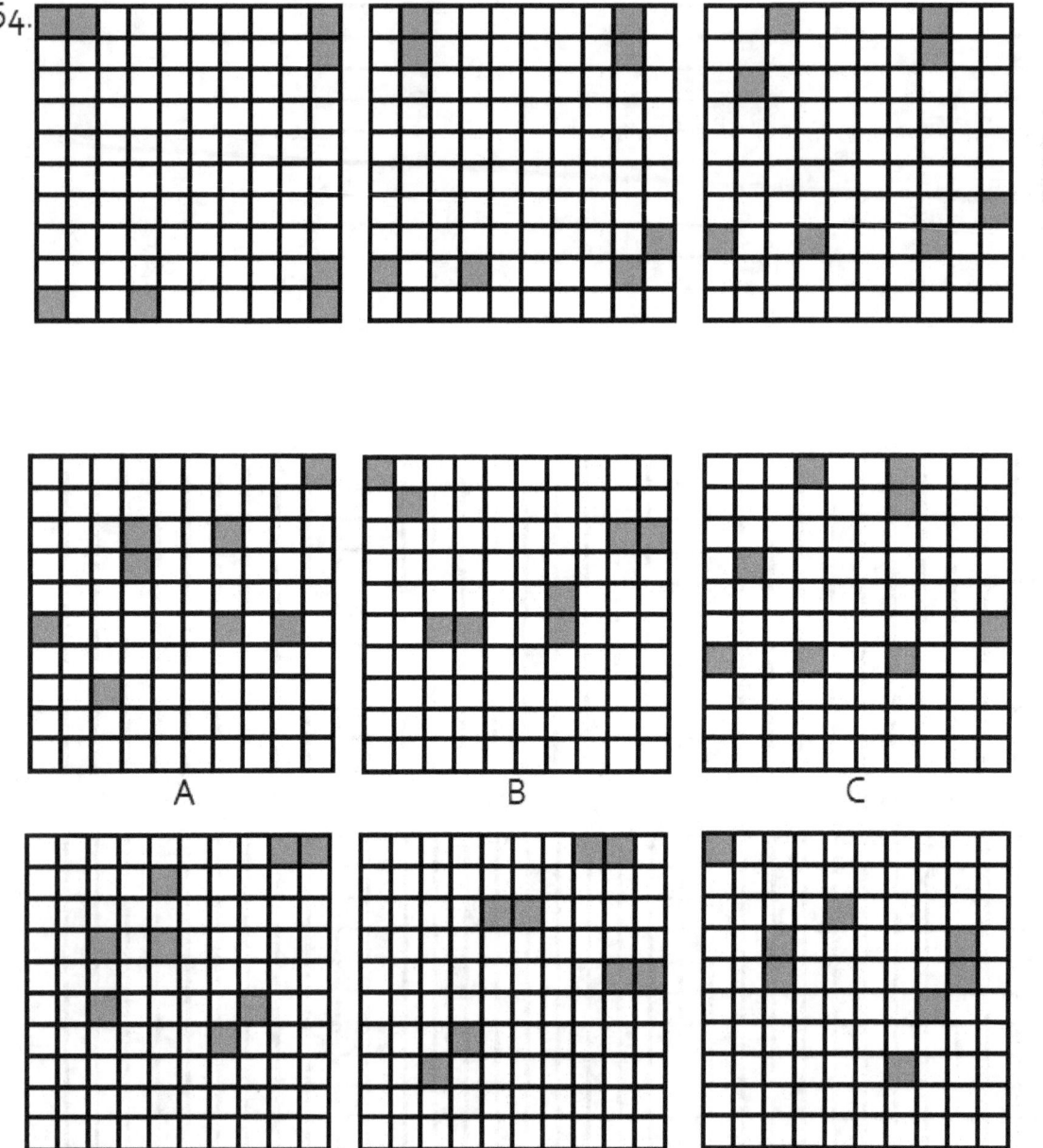

65.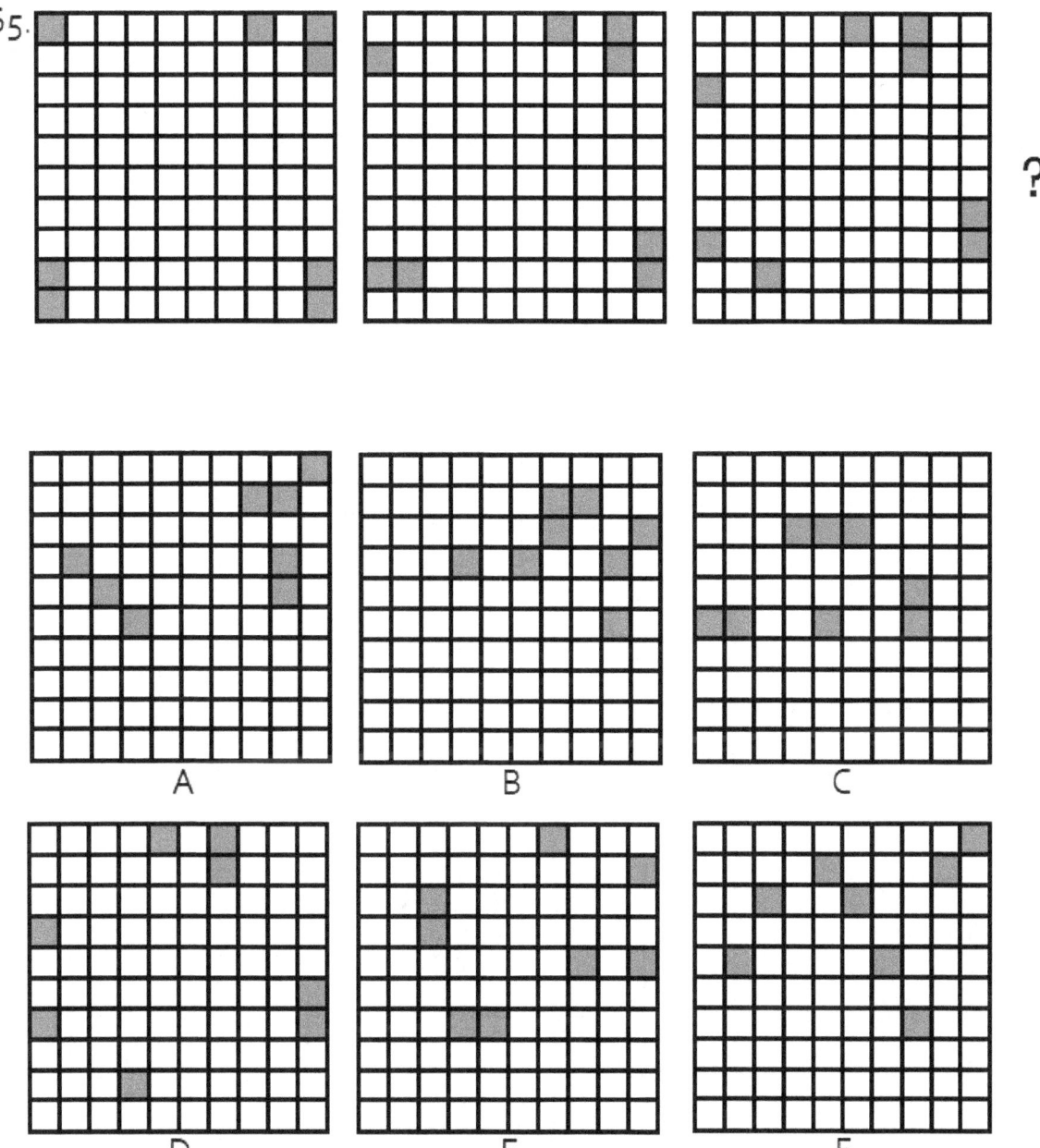

66.

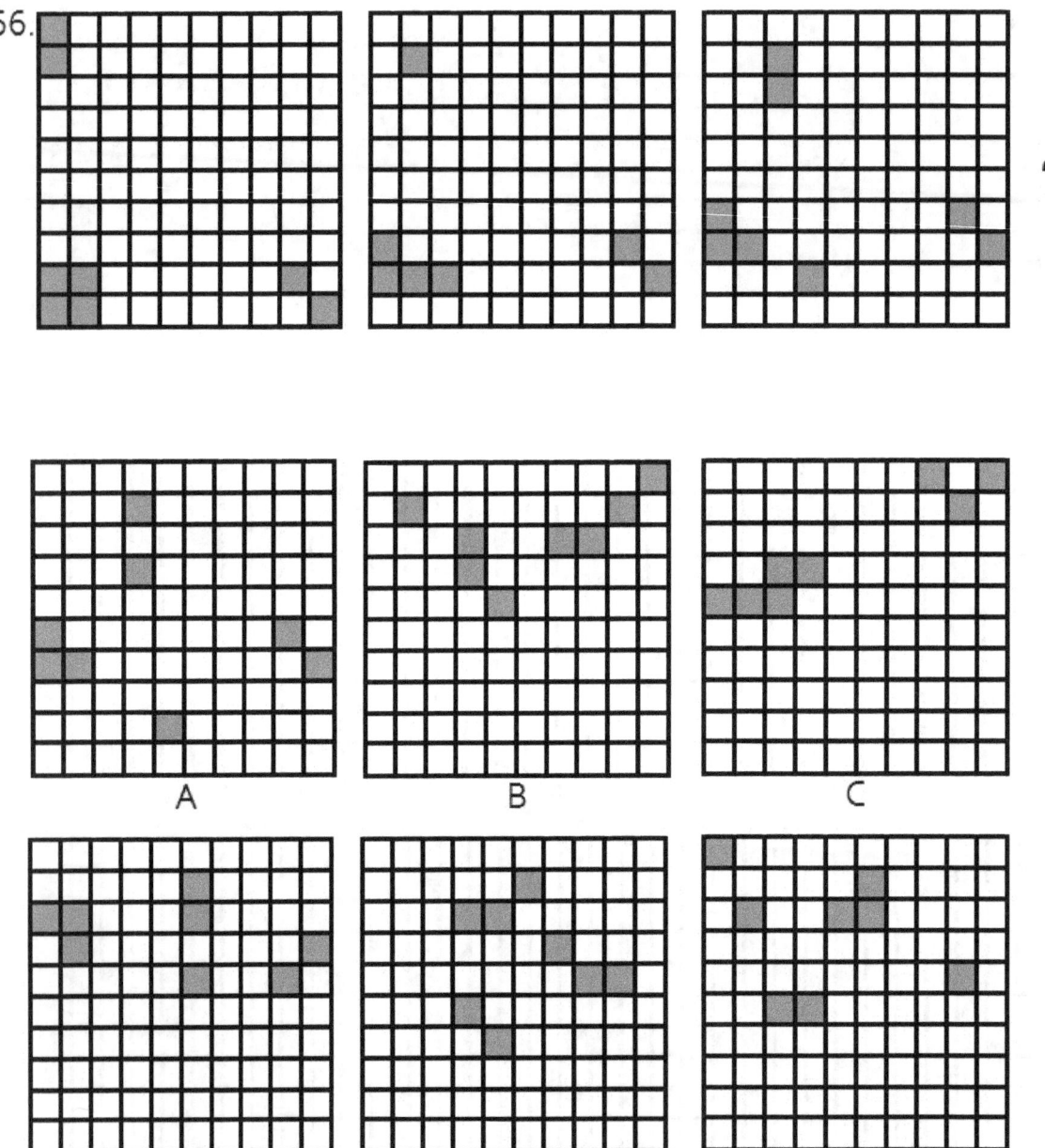

67.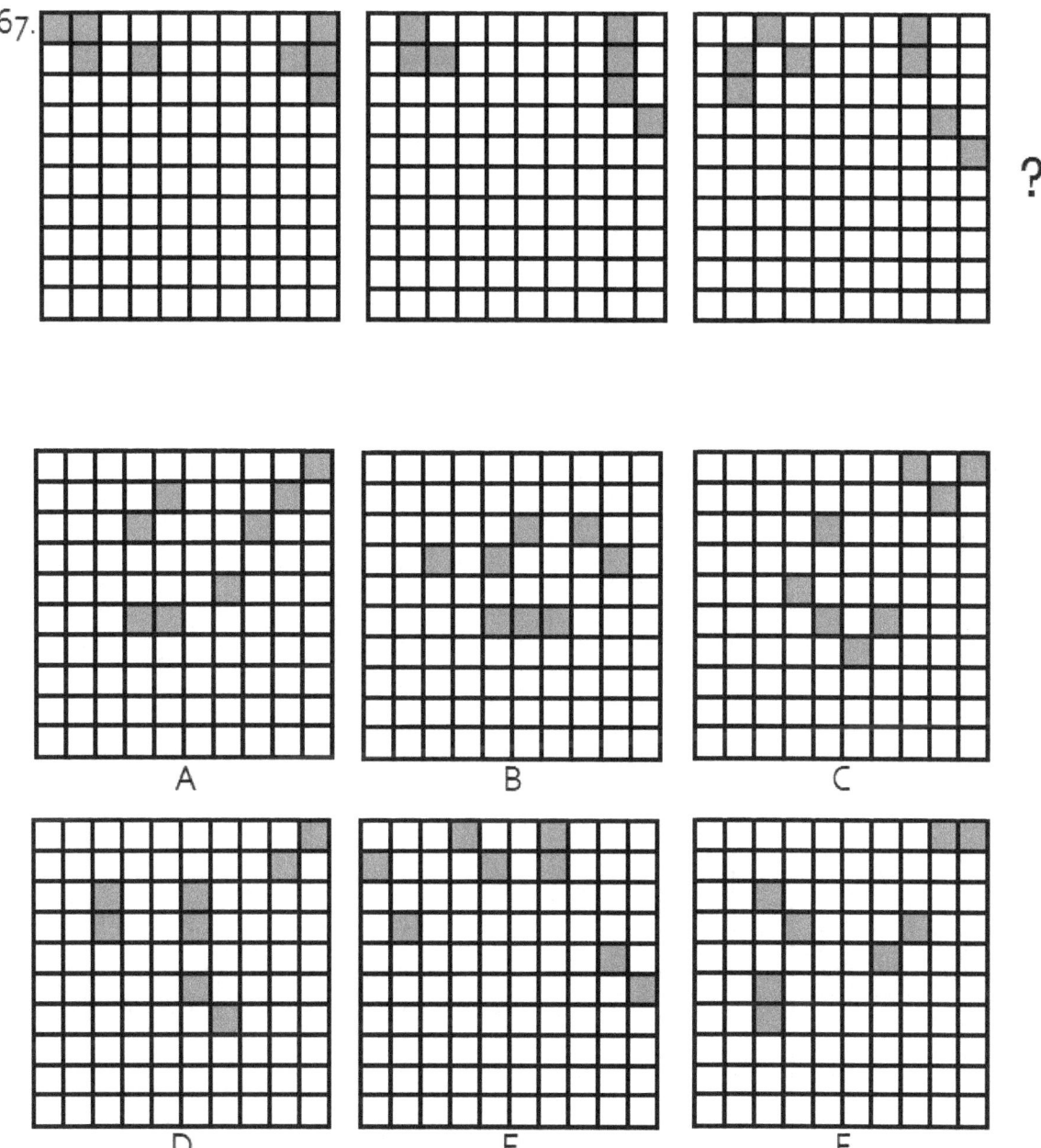

68.

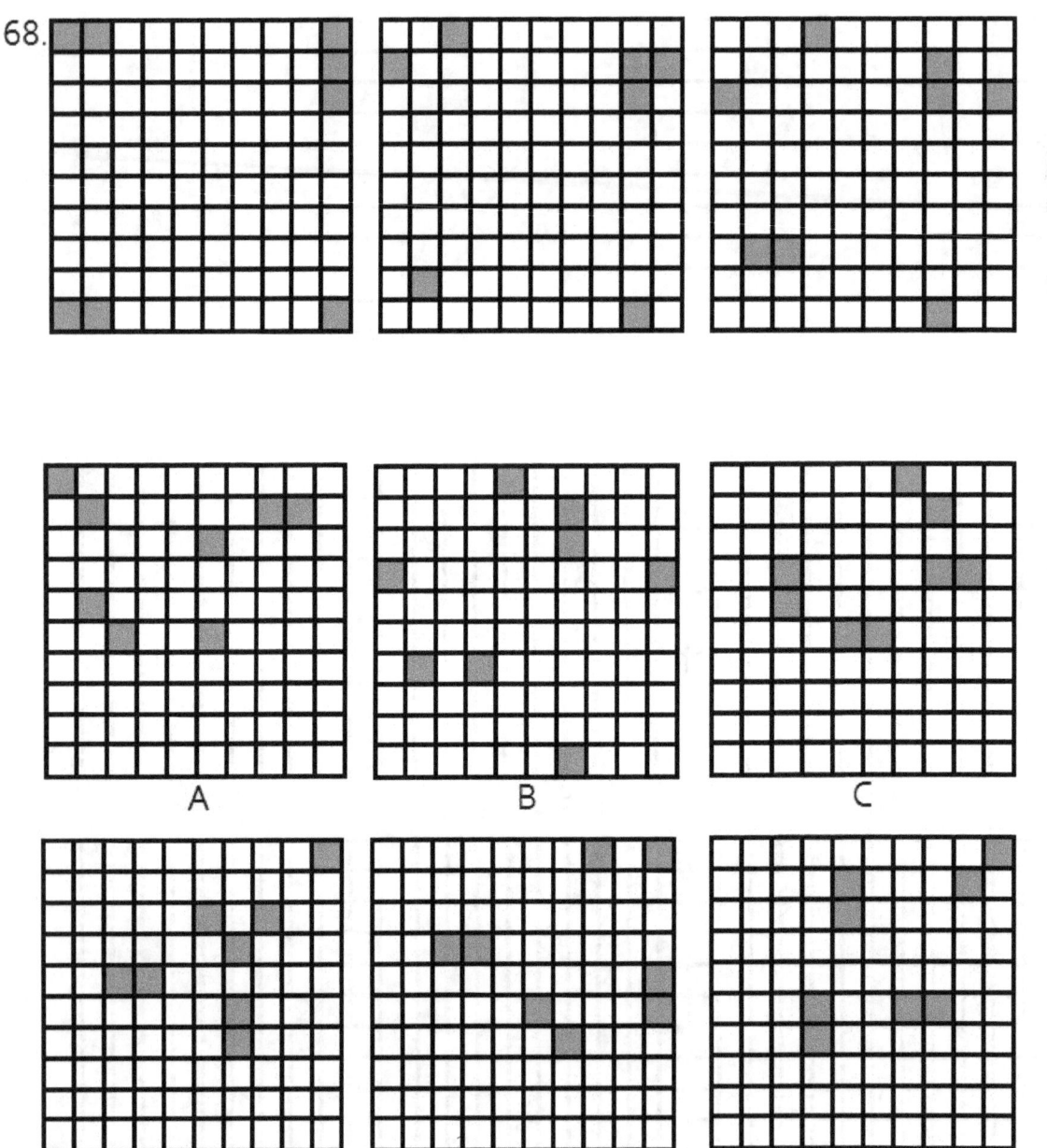

69.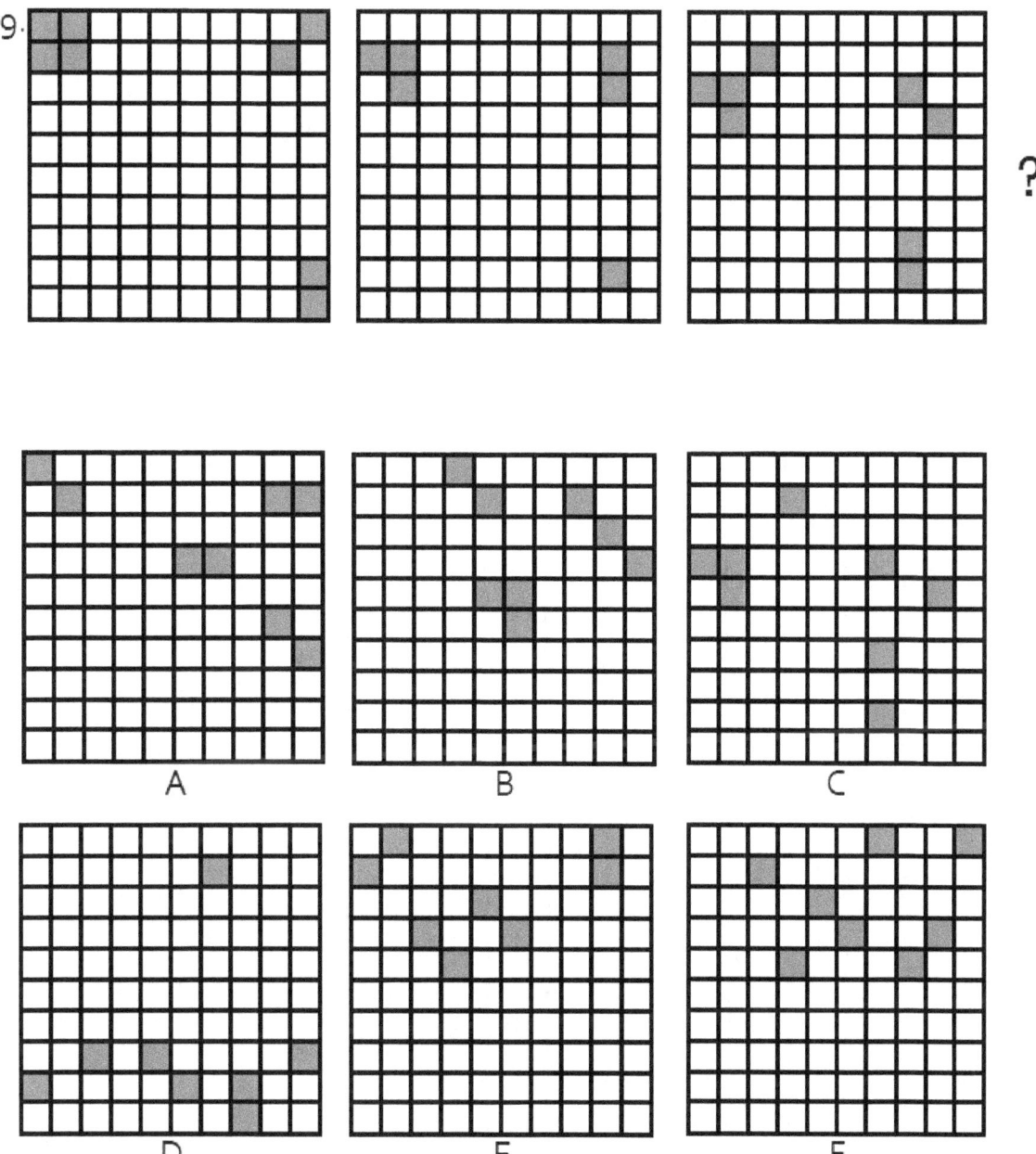

70.

71.

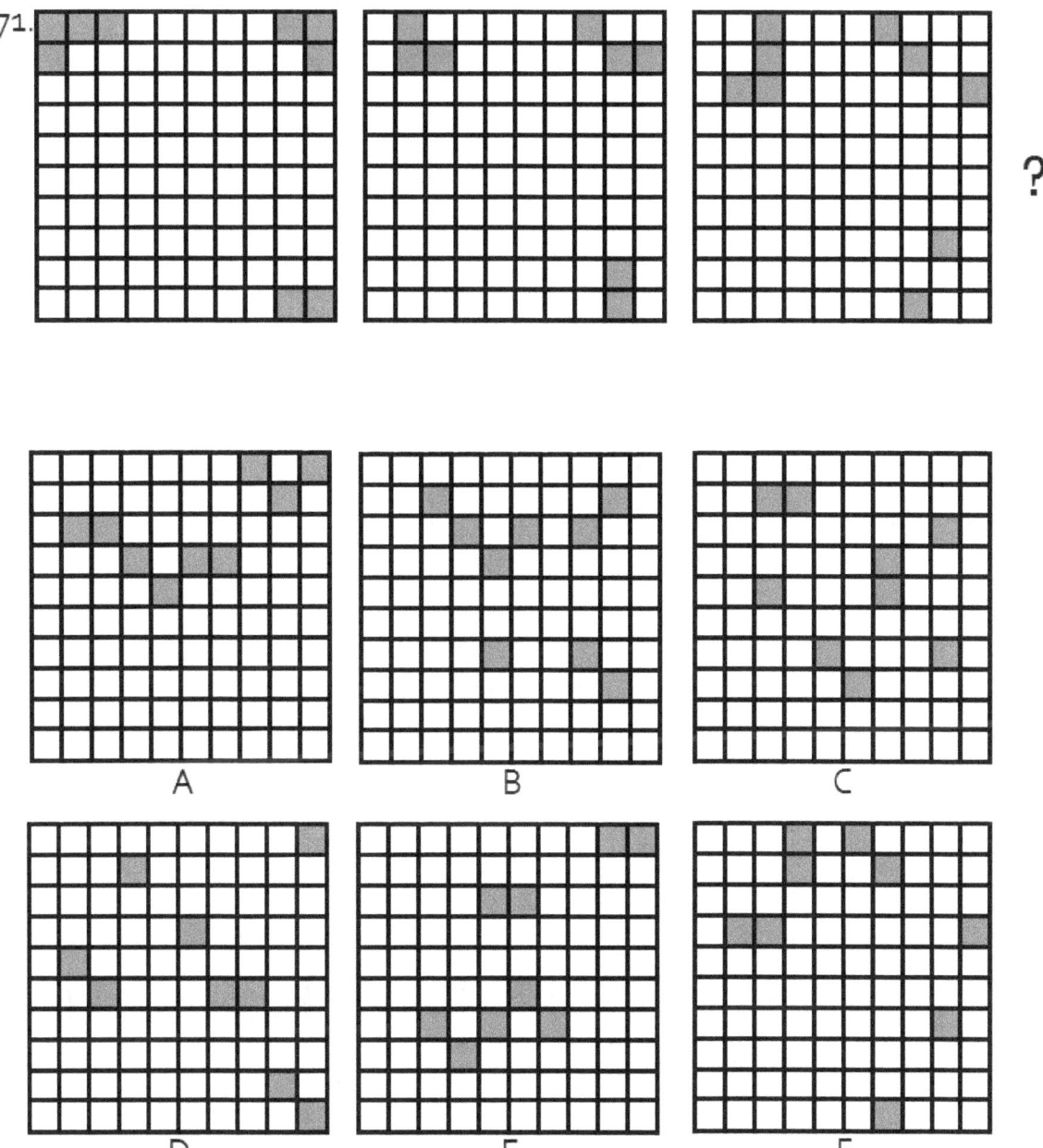

72.

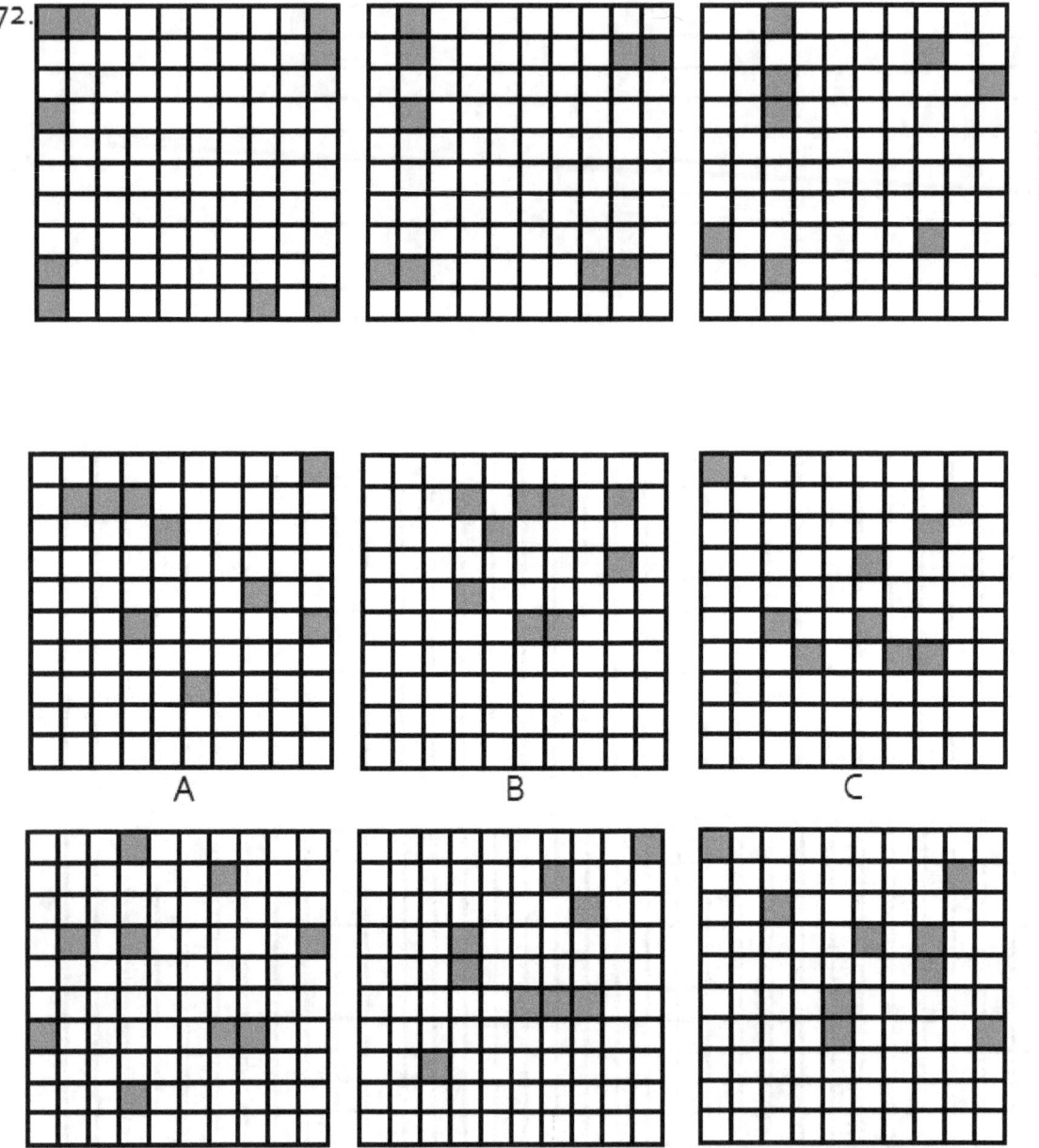

73.

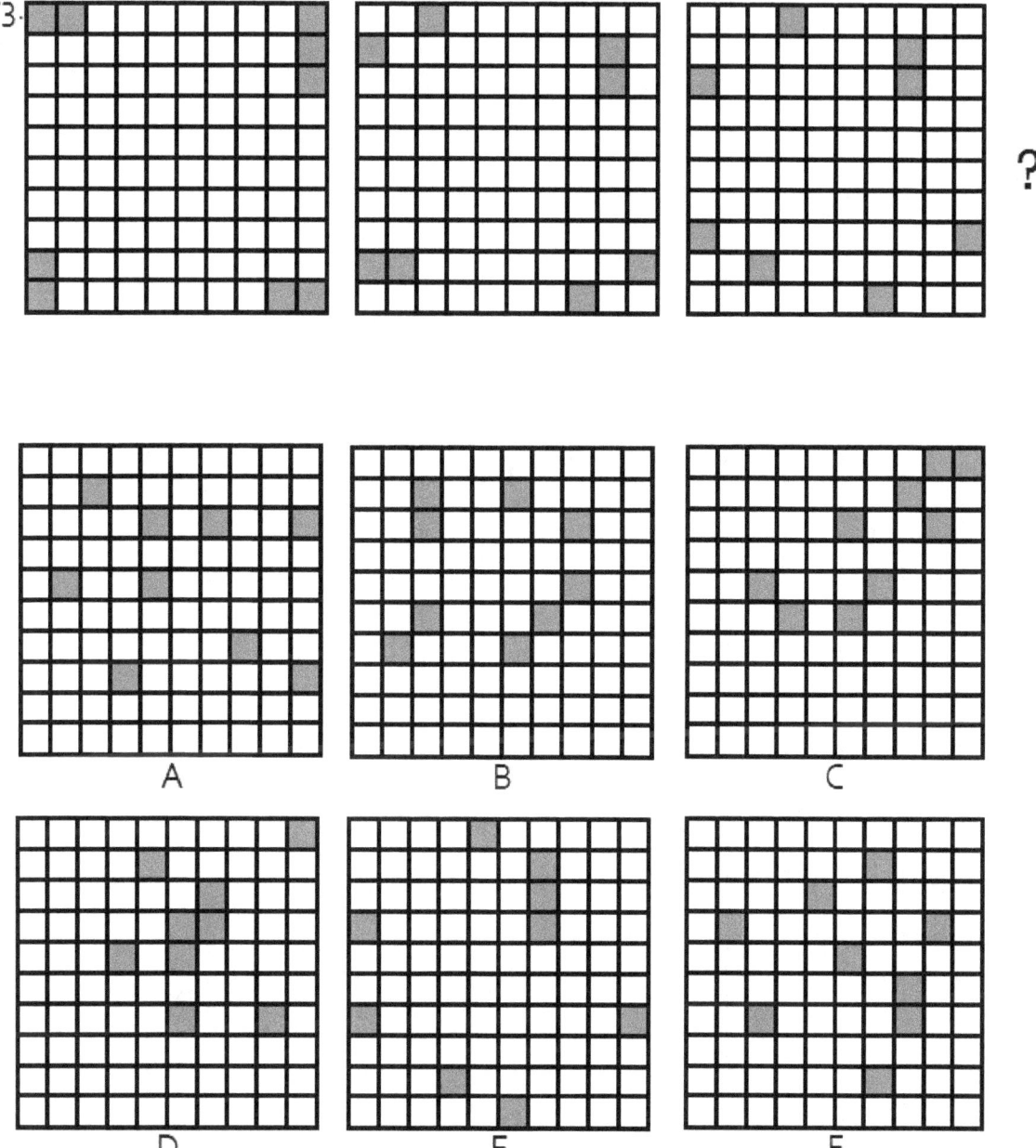

74.

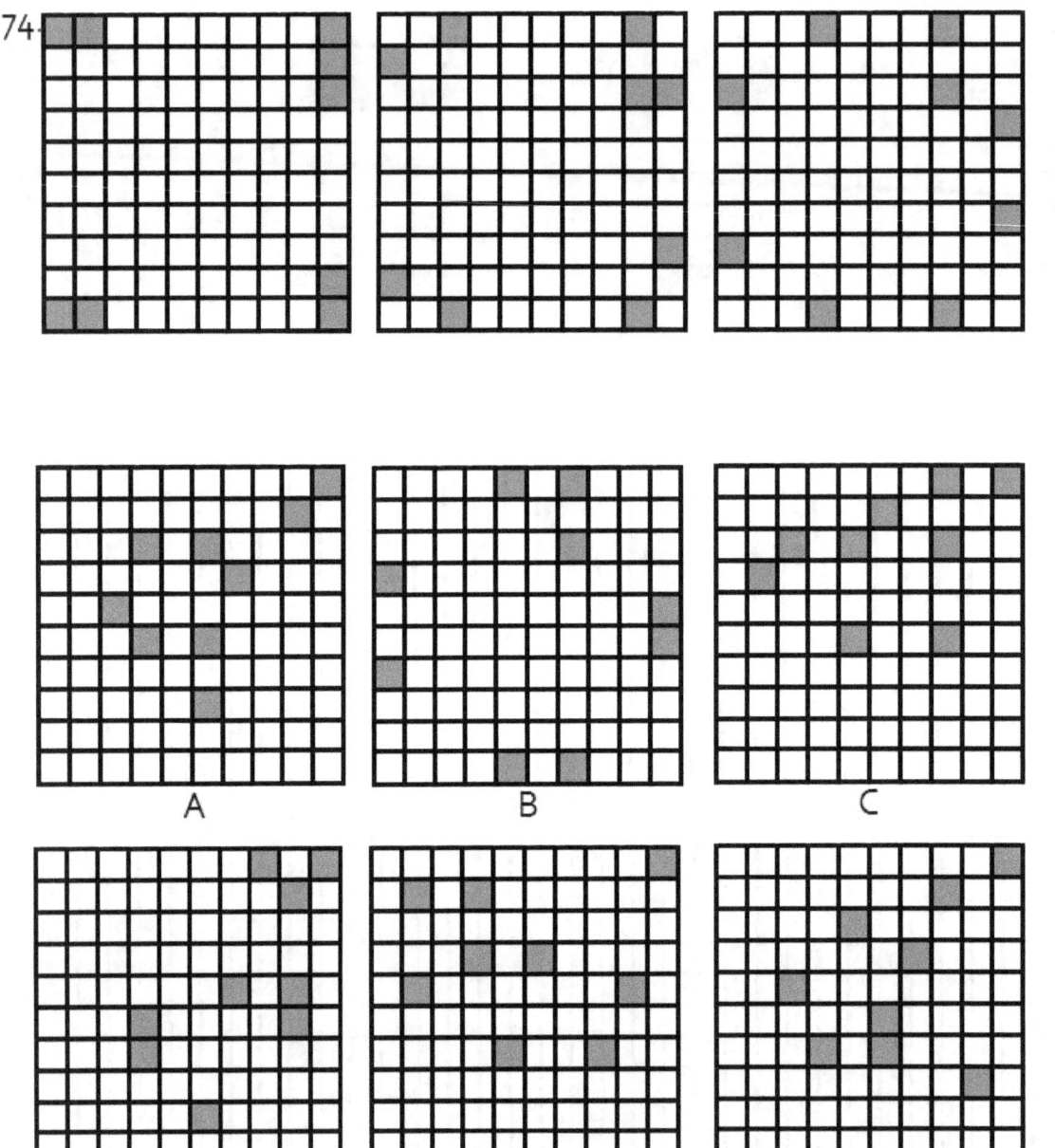

75.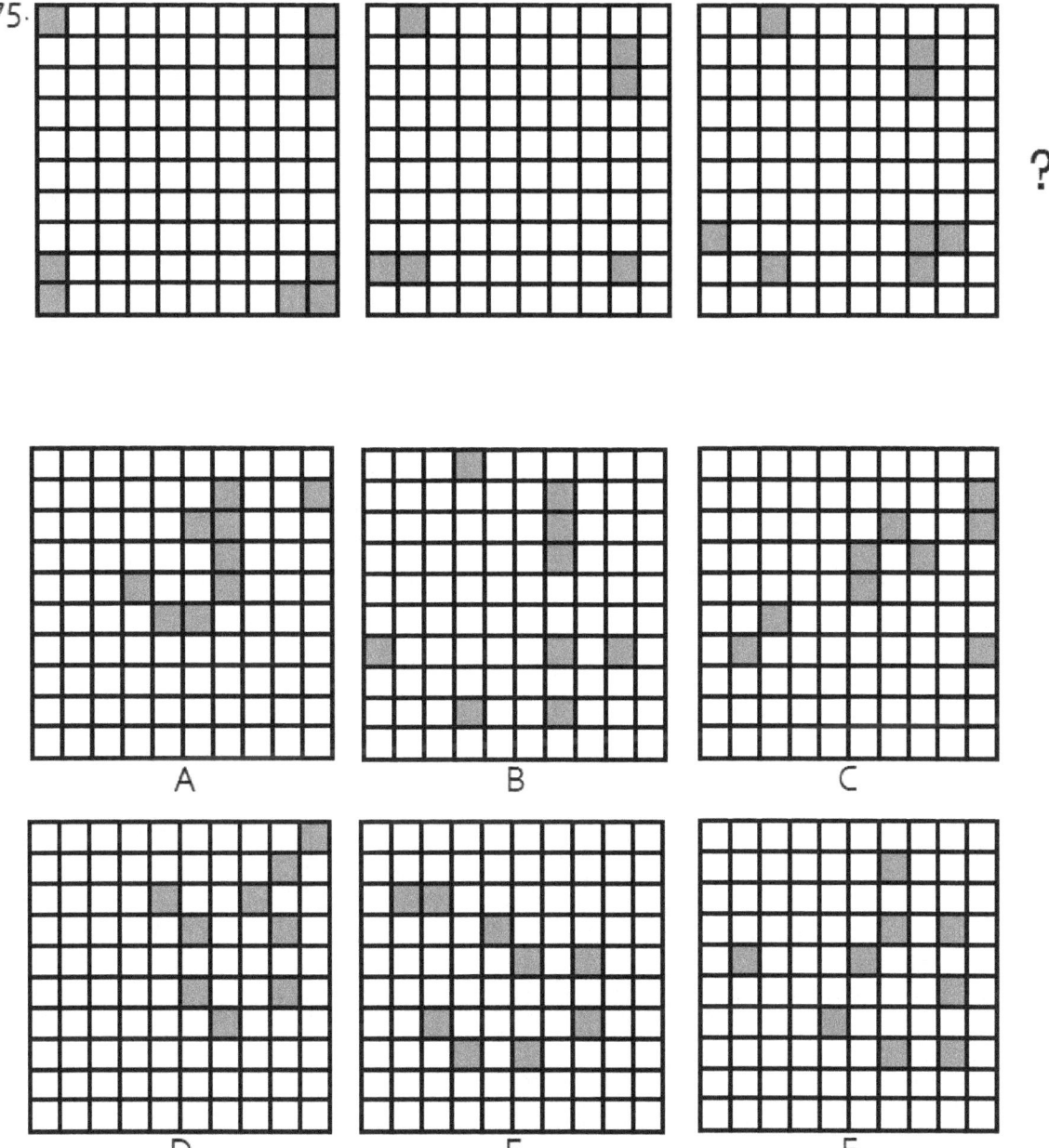

76.

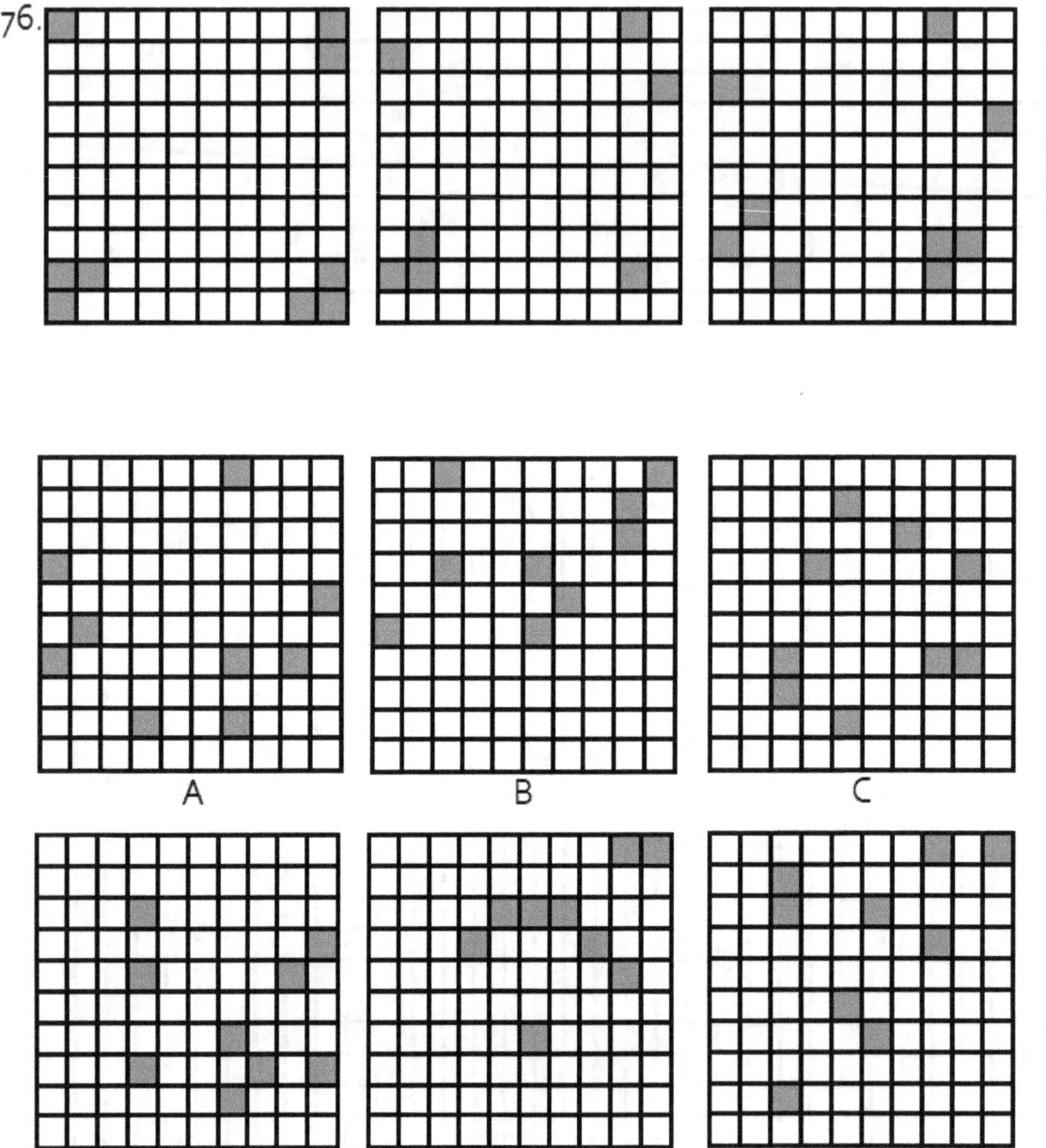

77.
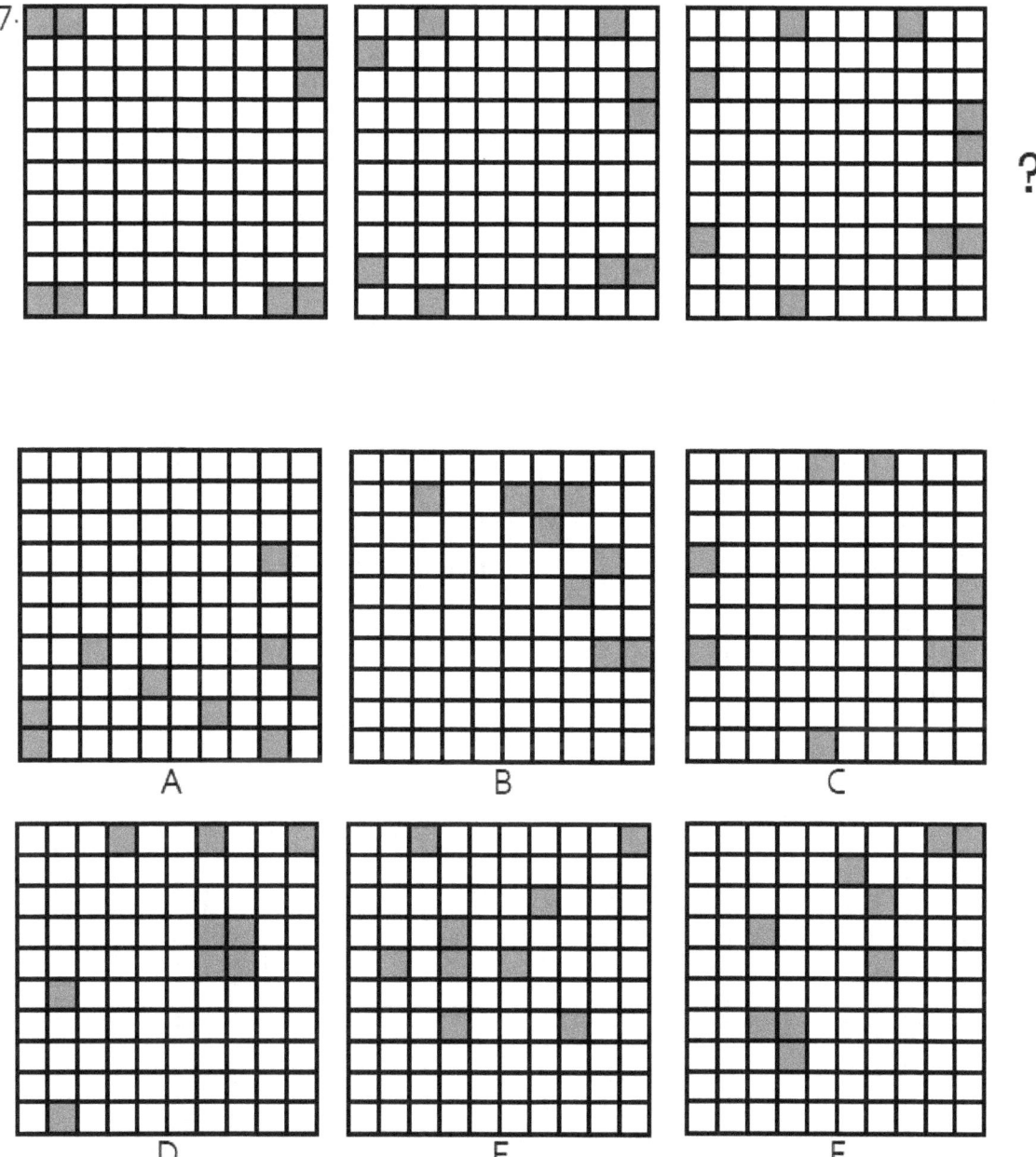

78.

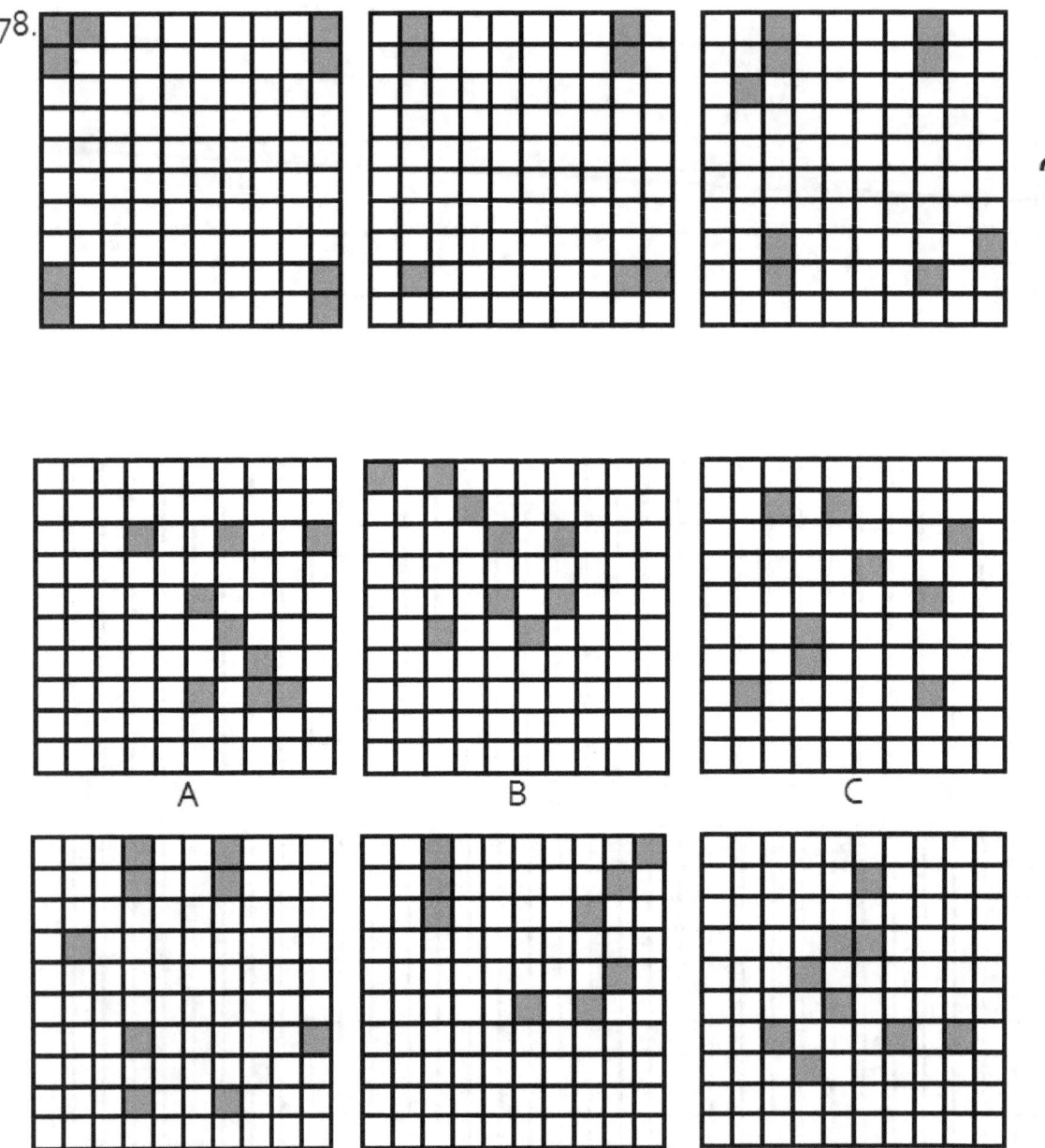

79.

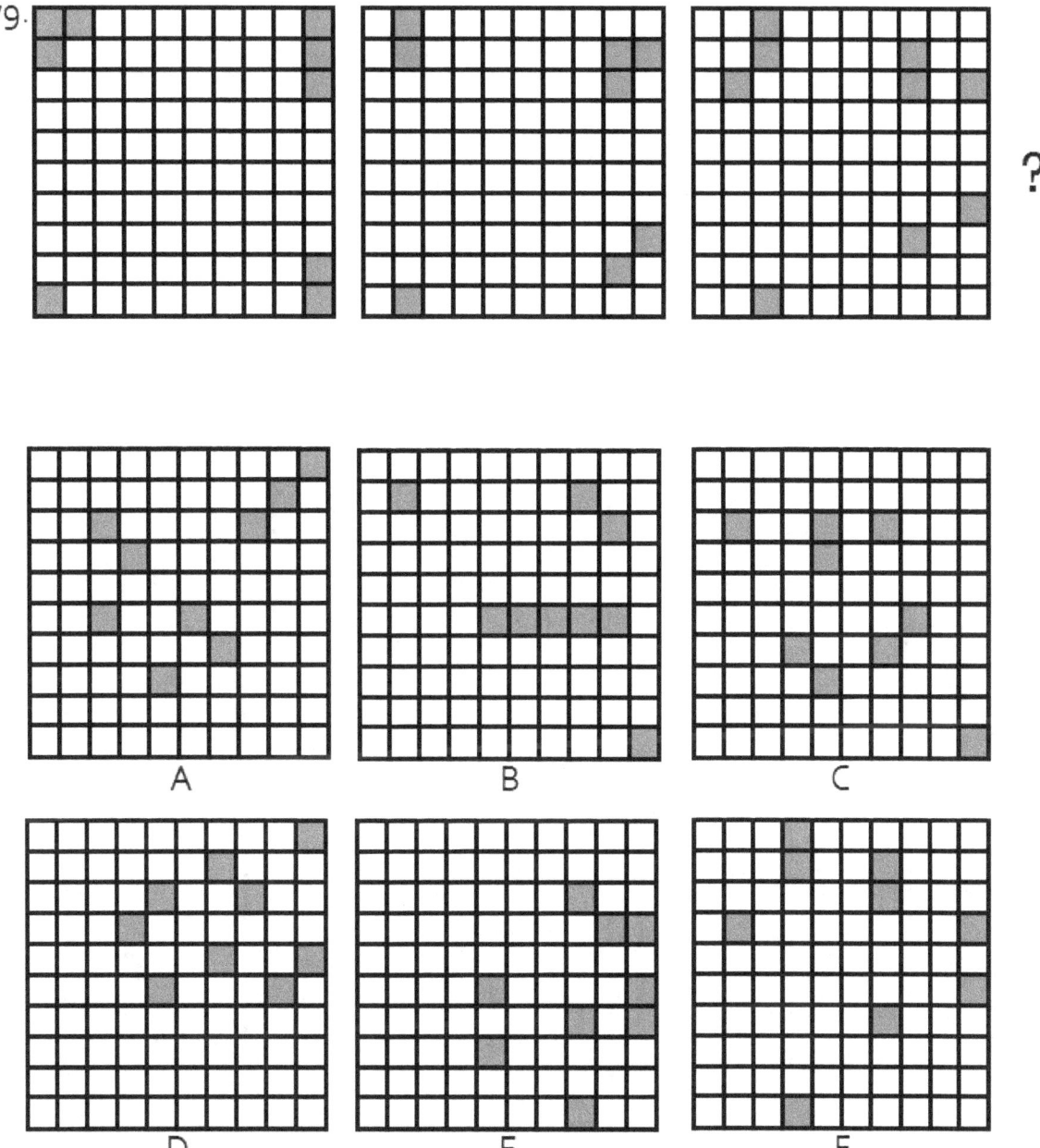

80.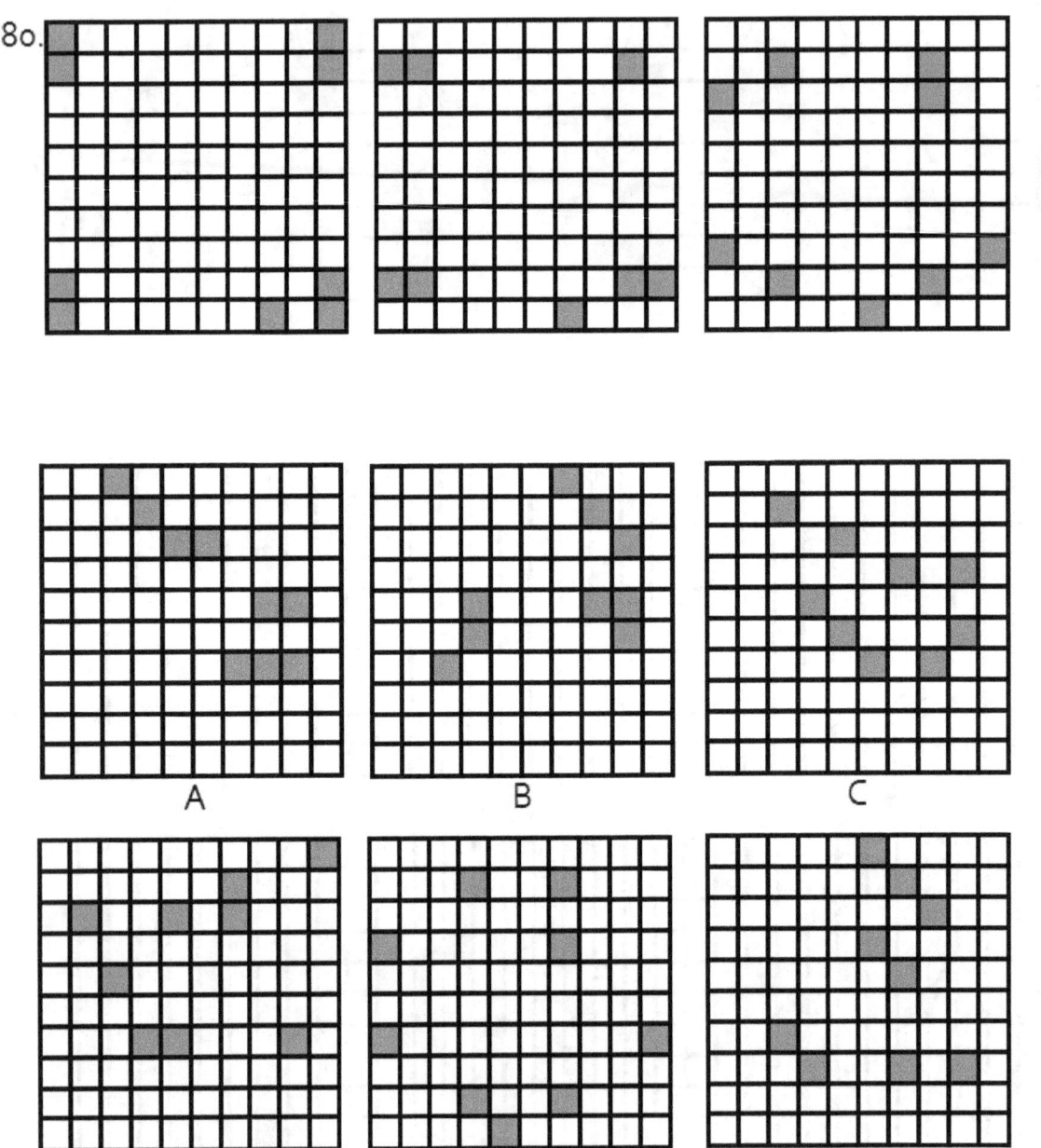

81.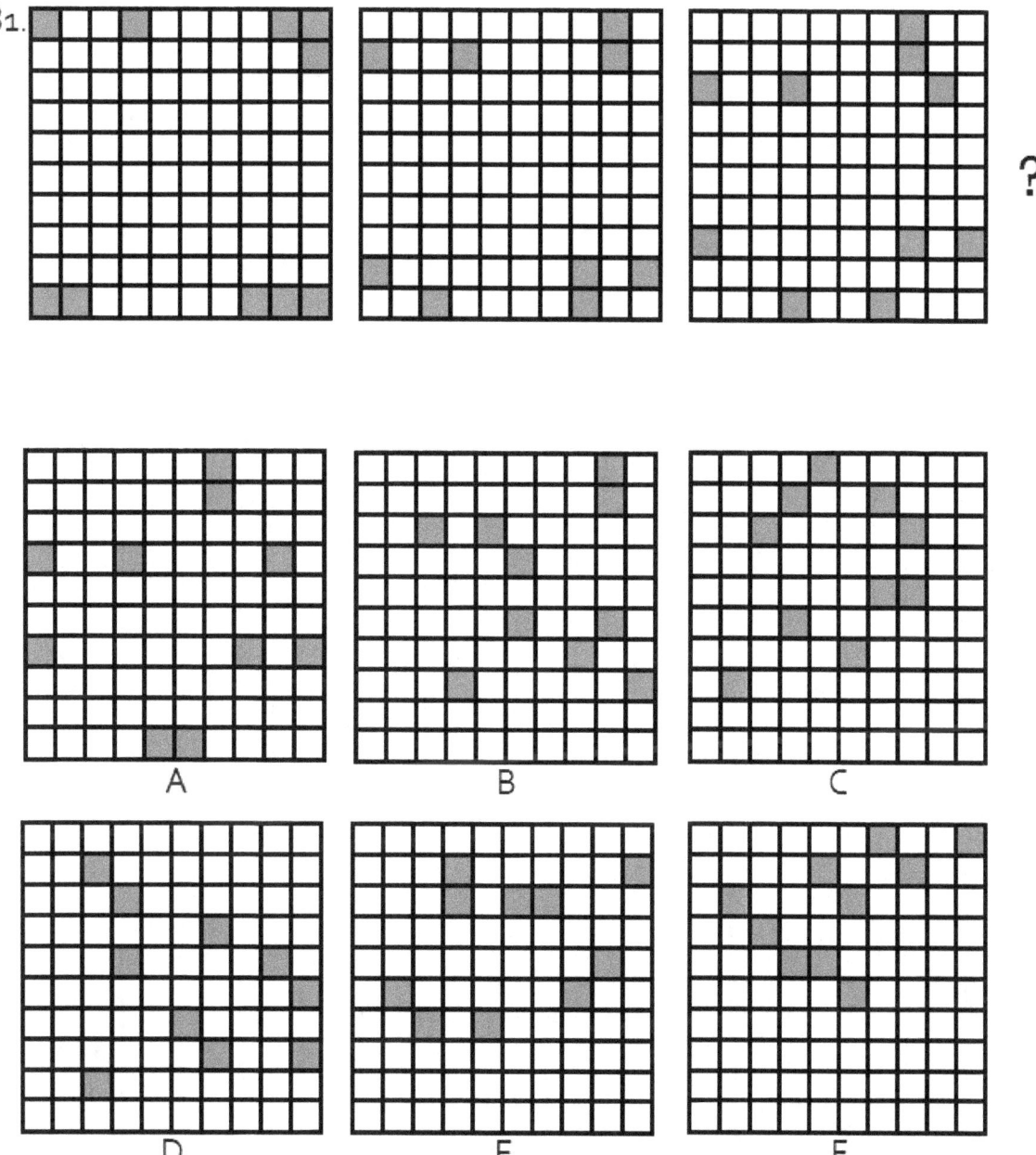

82.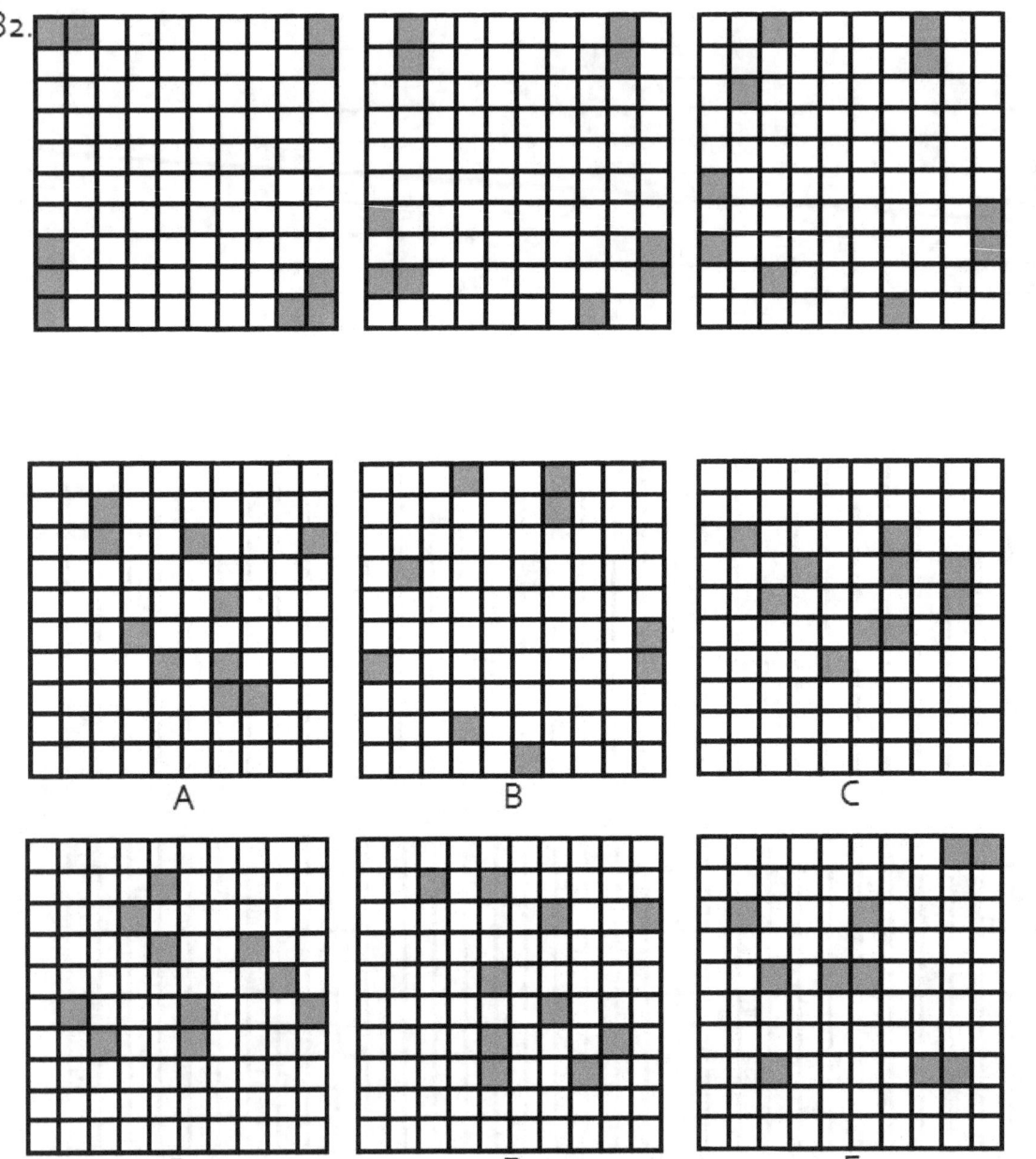

83.

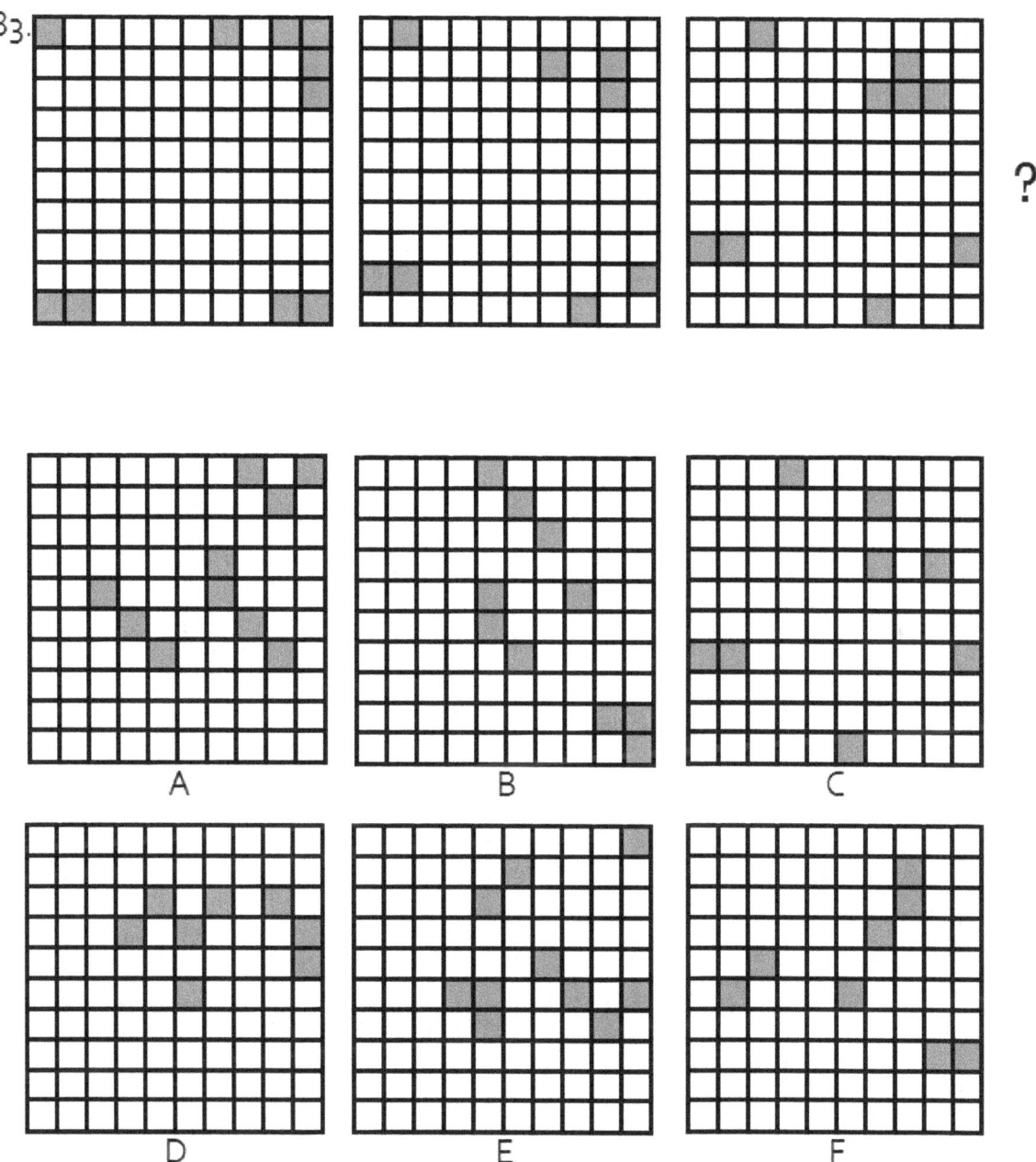

84.

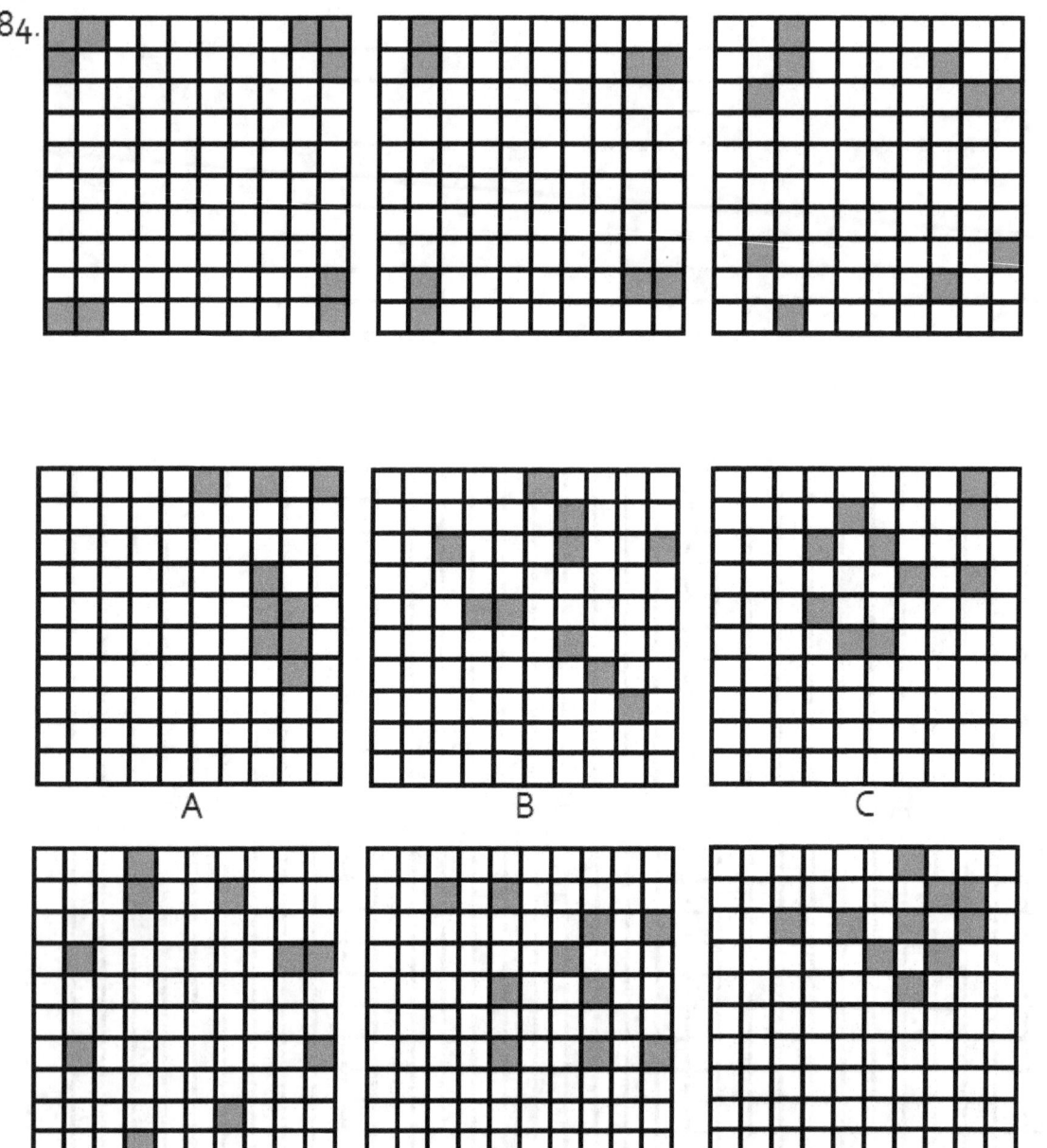

85.

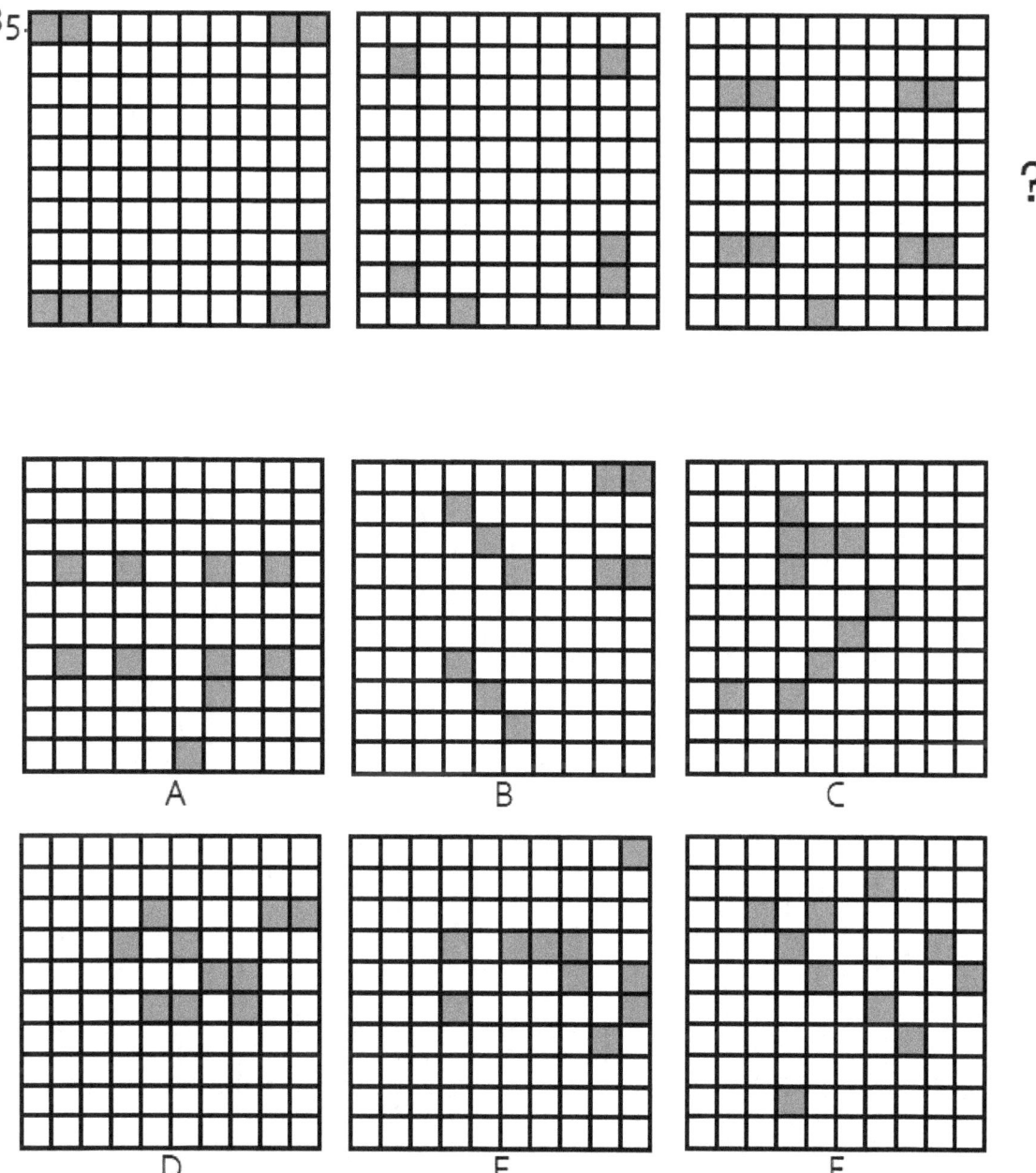

86.

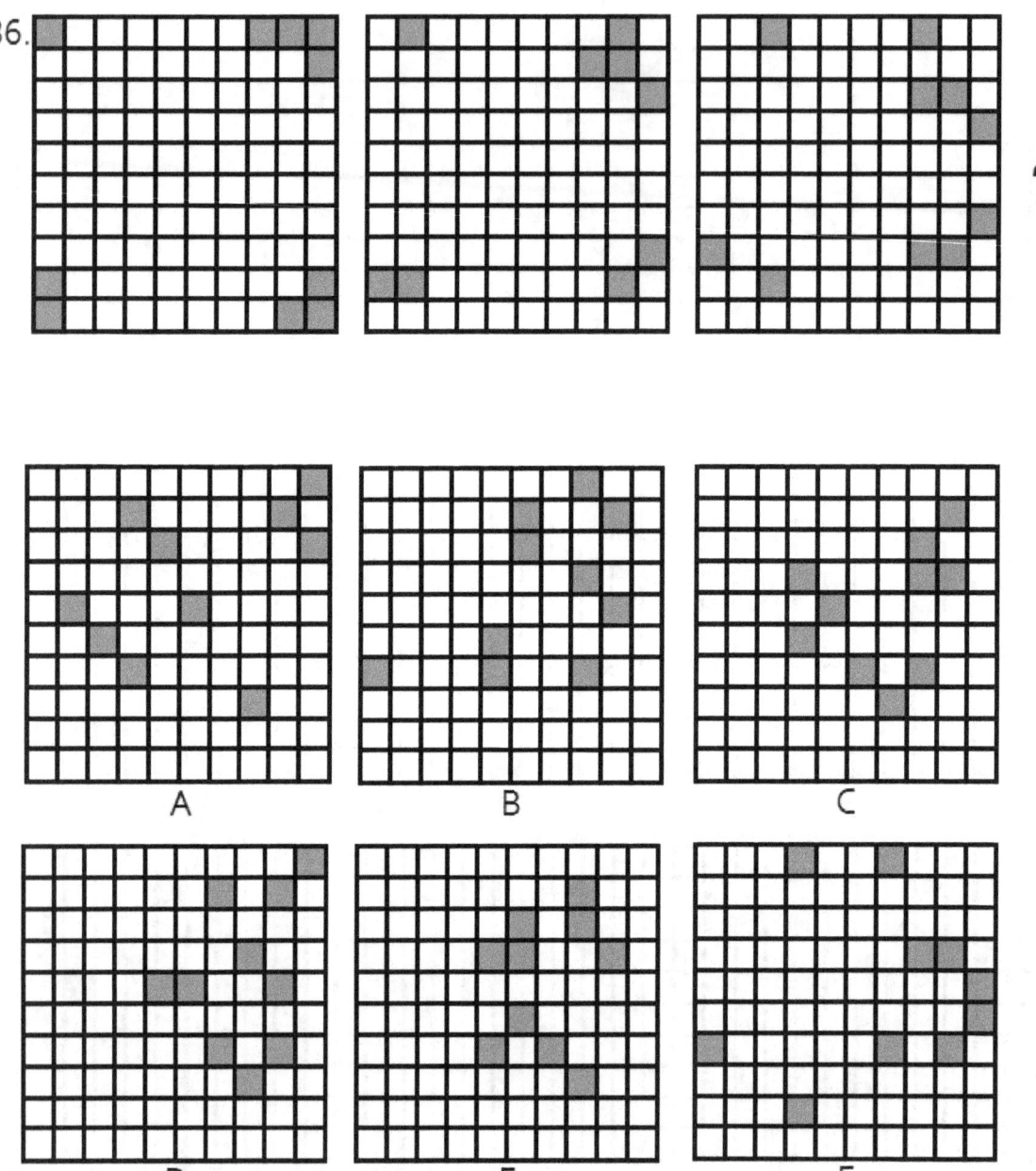

87.

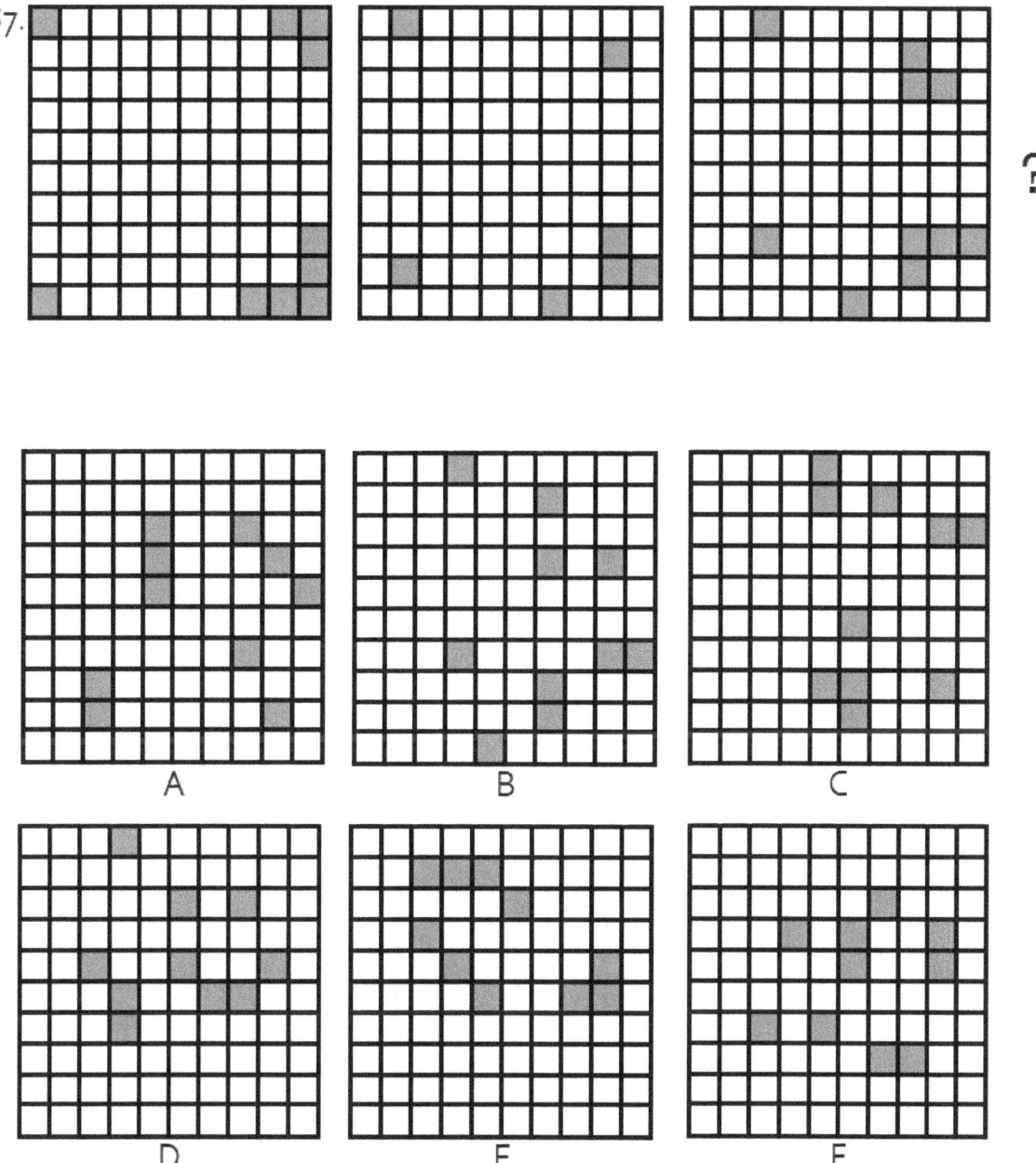

88.

89.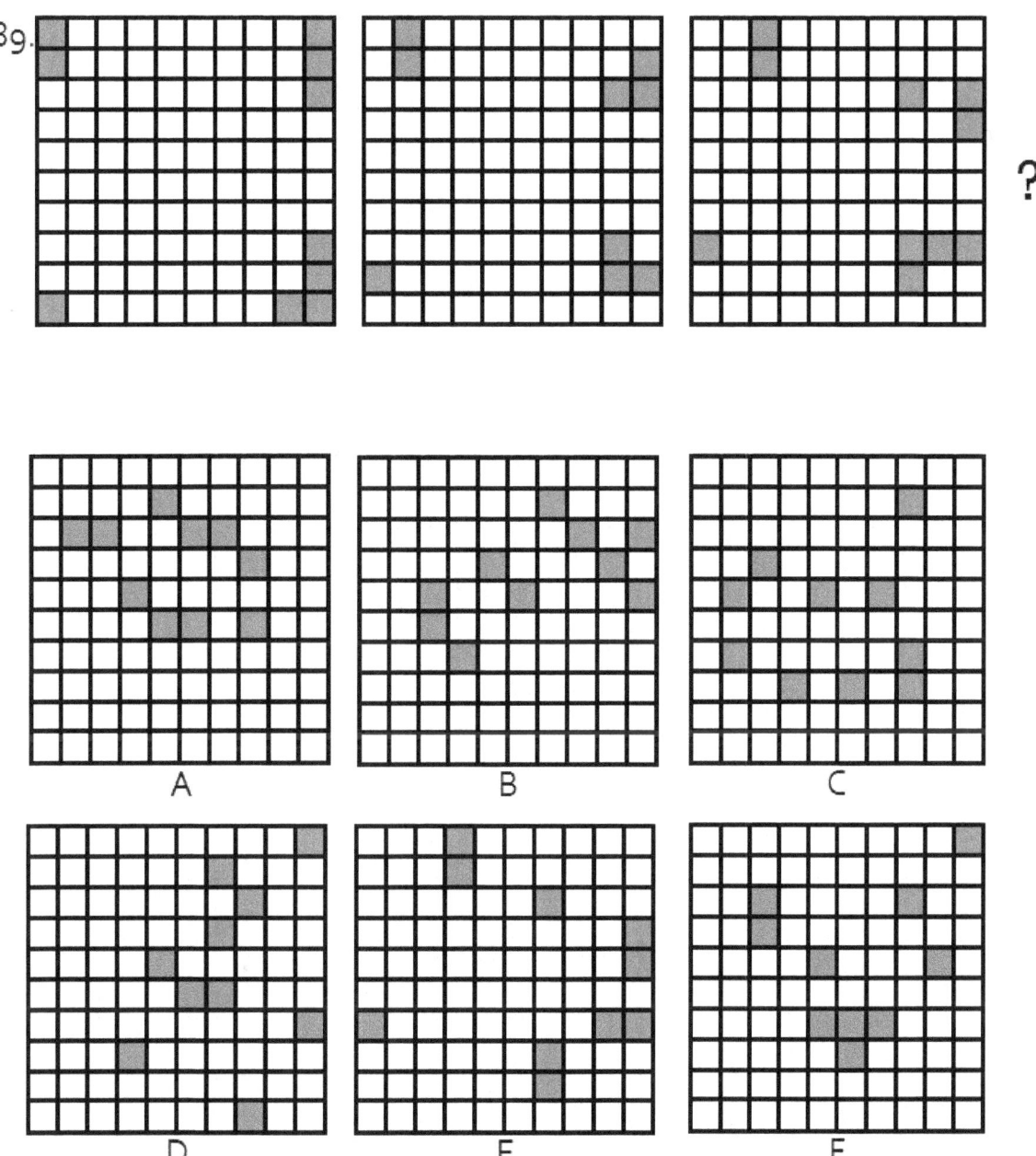

90.

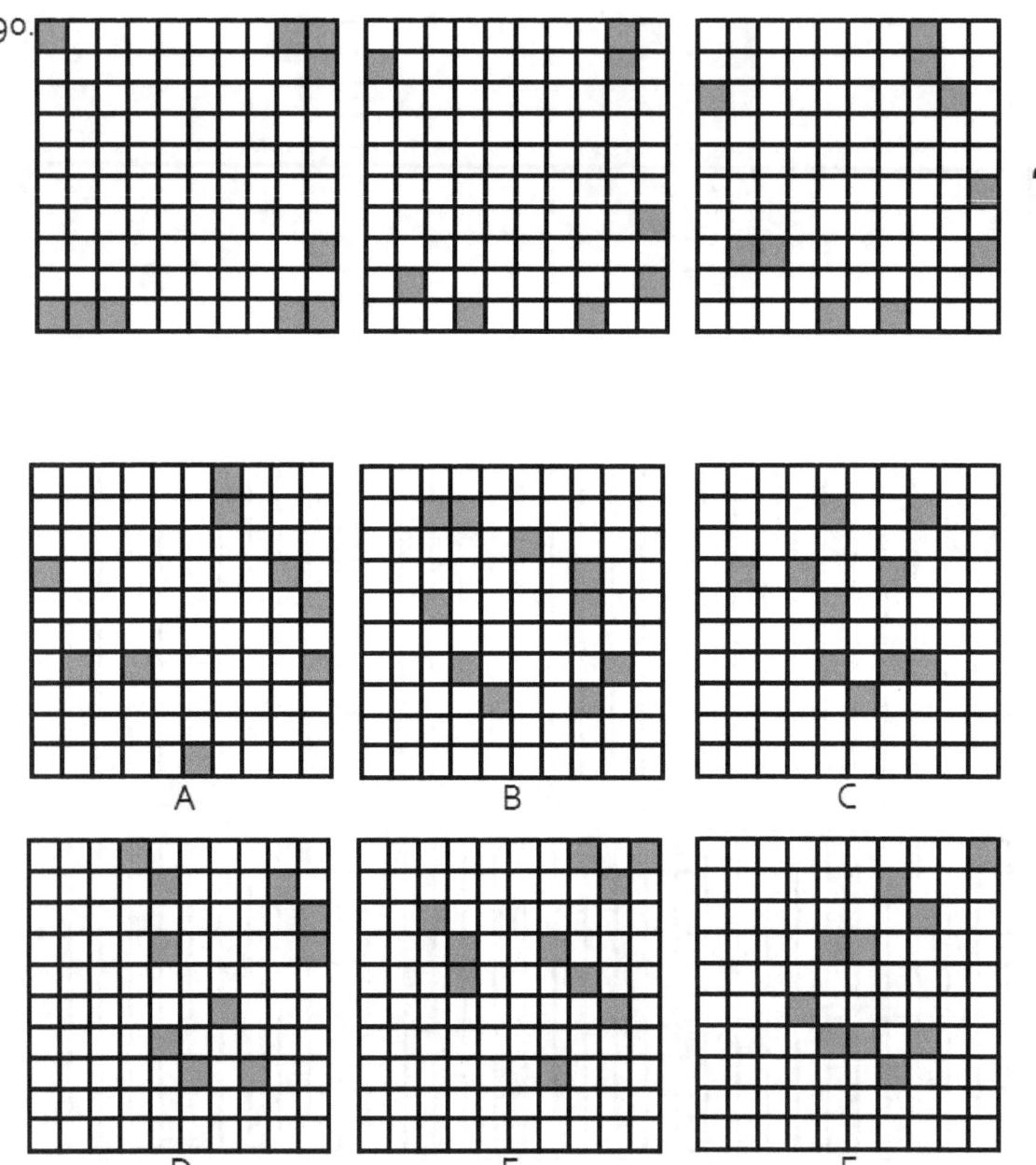

91.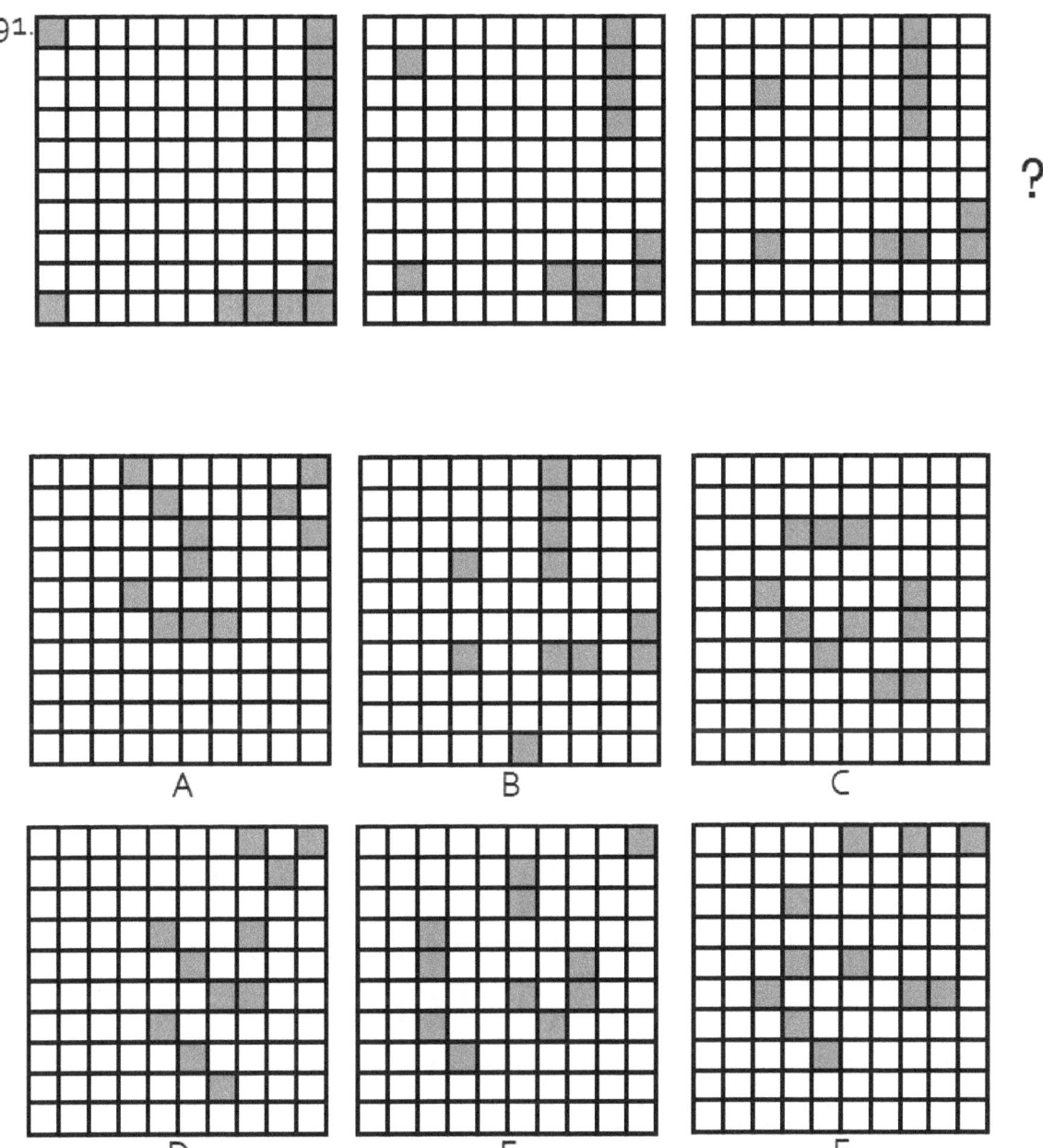

92.

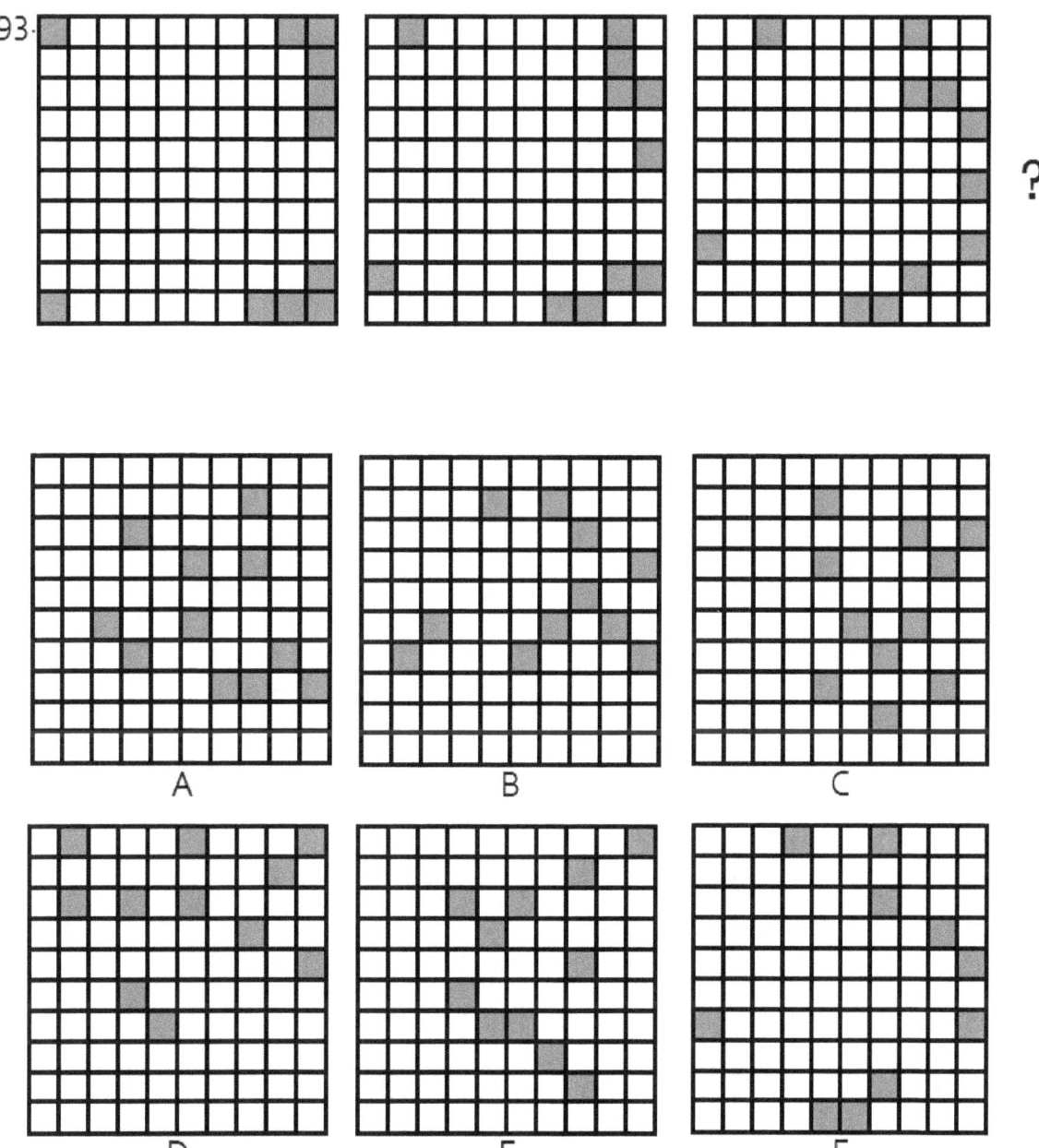

94.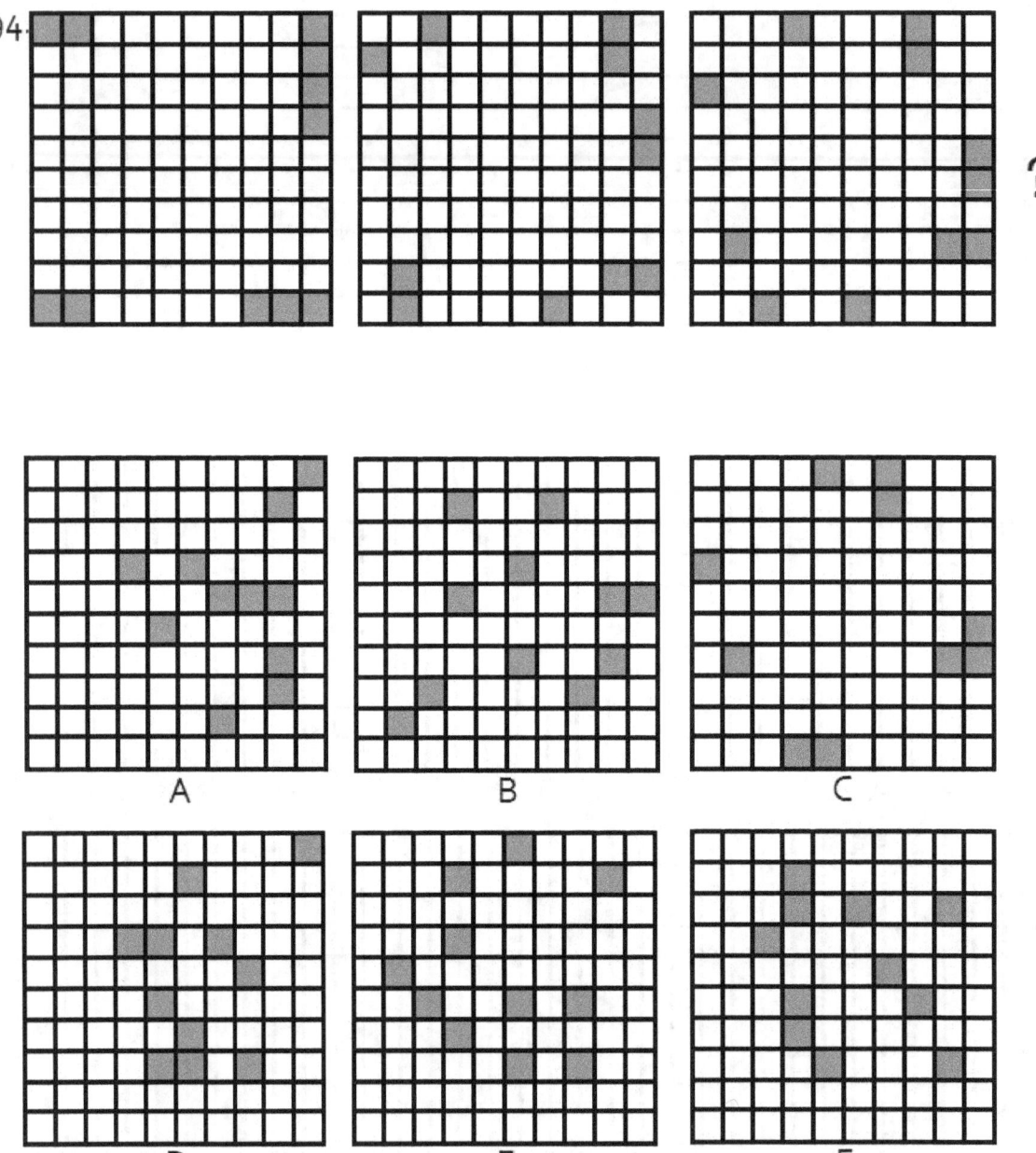

95.

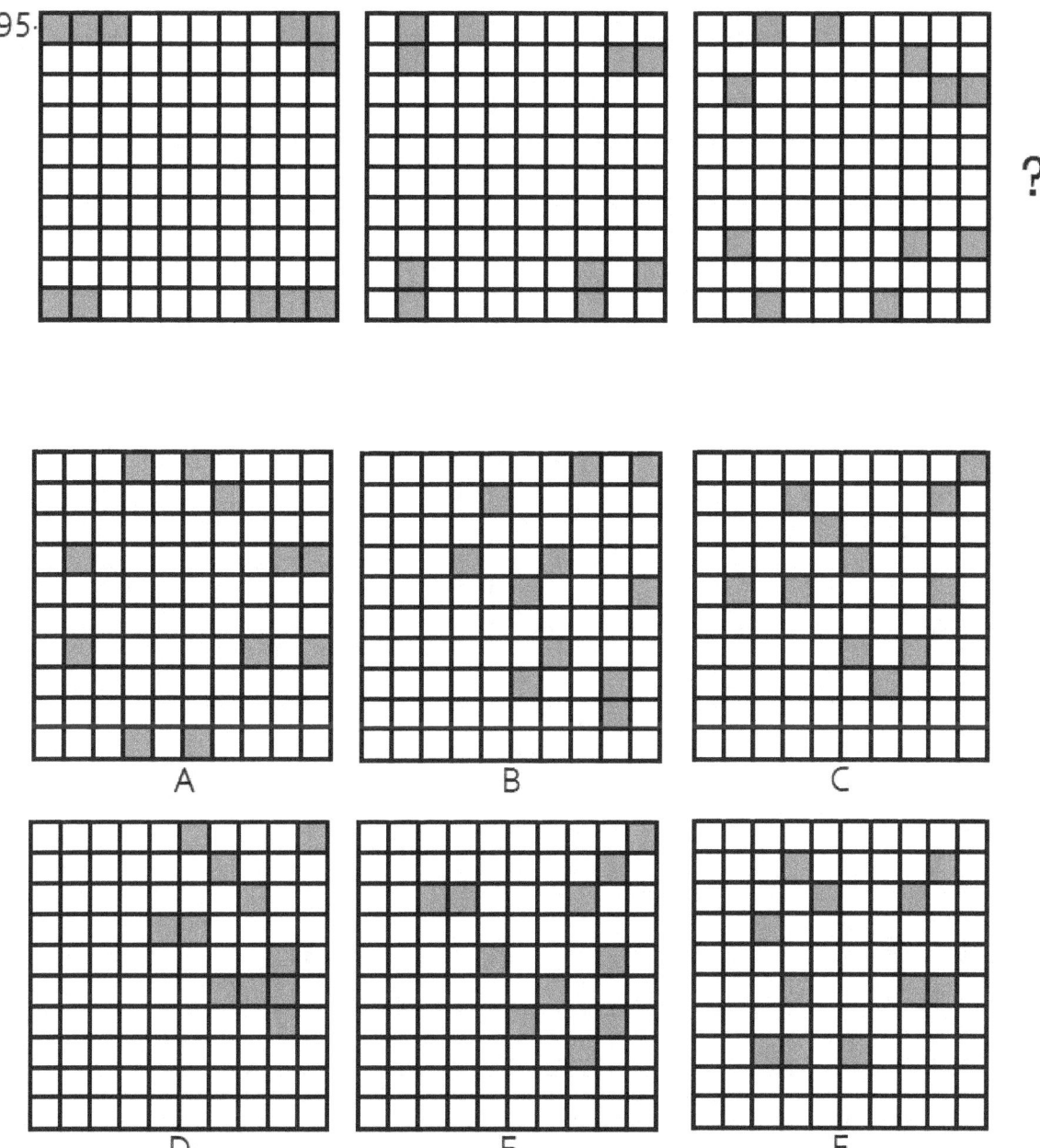

96.

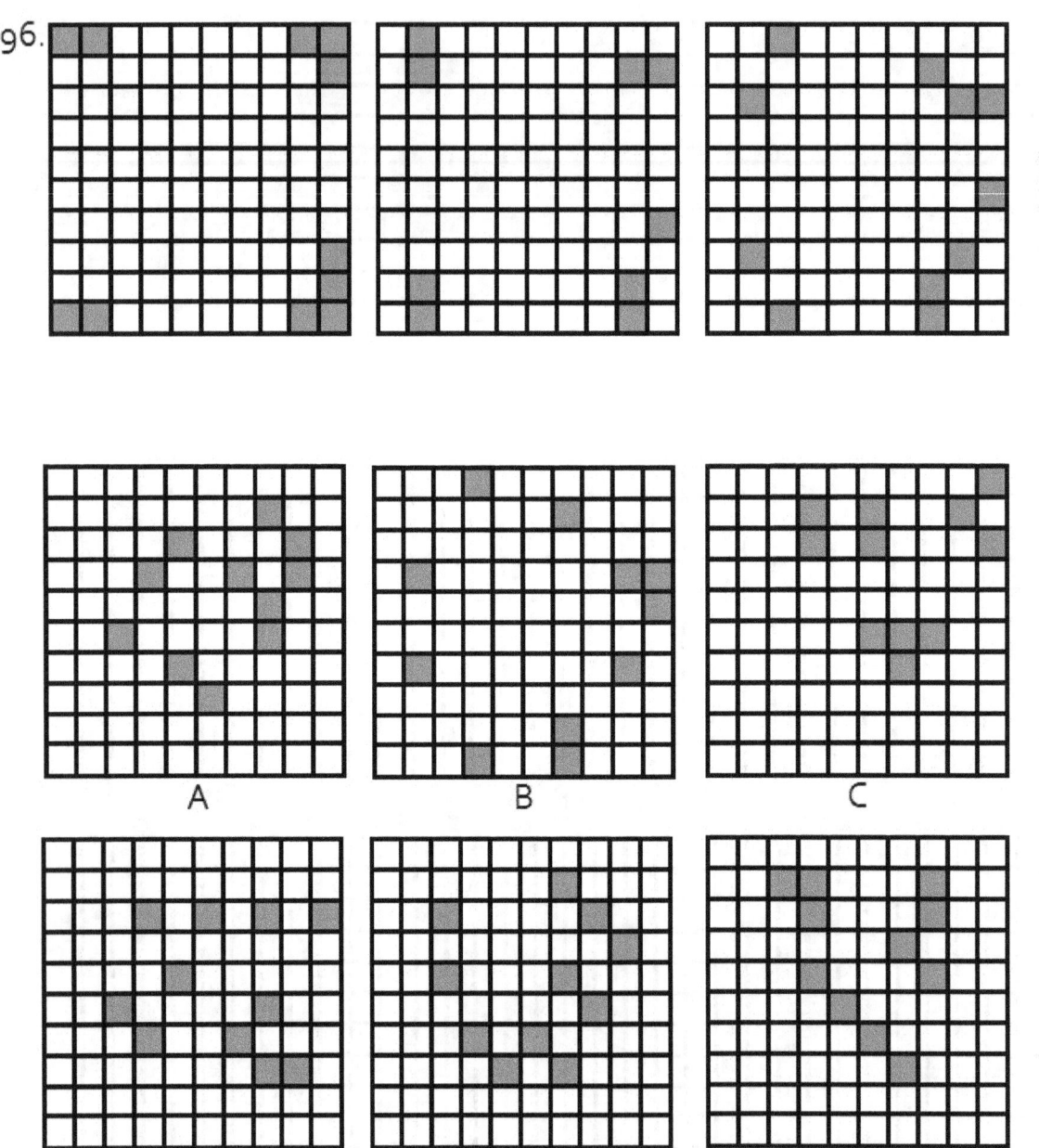

97.

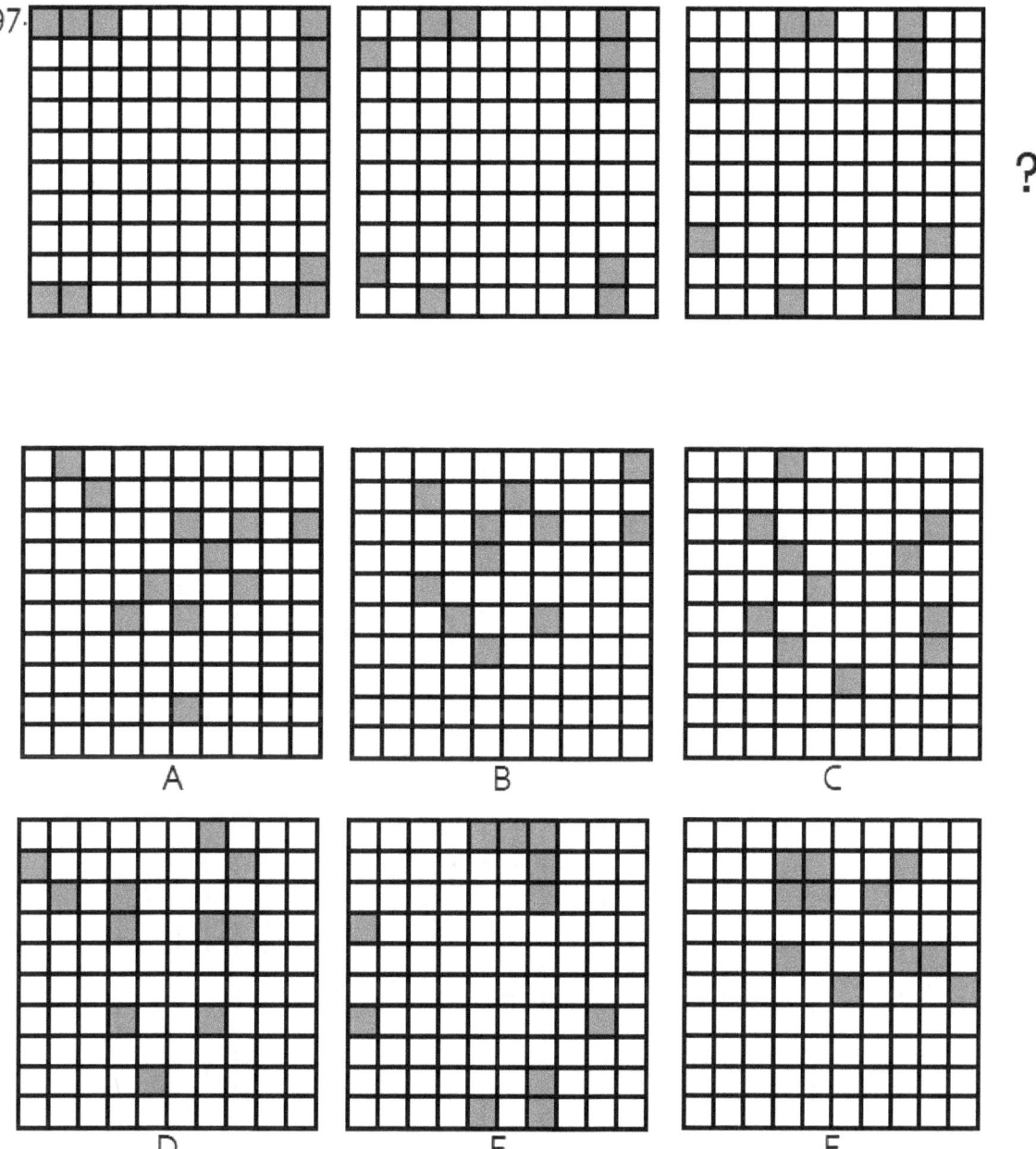

98.

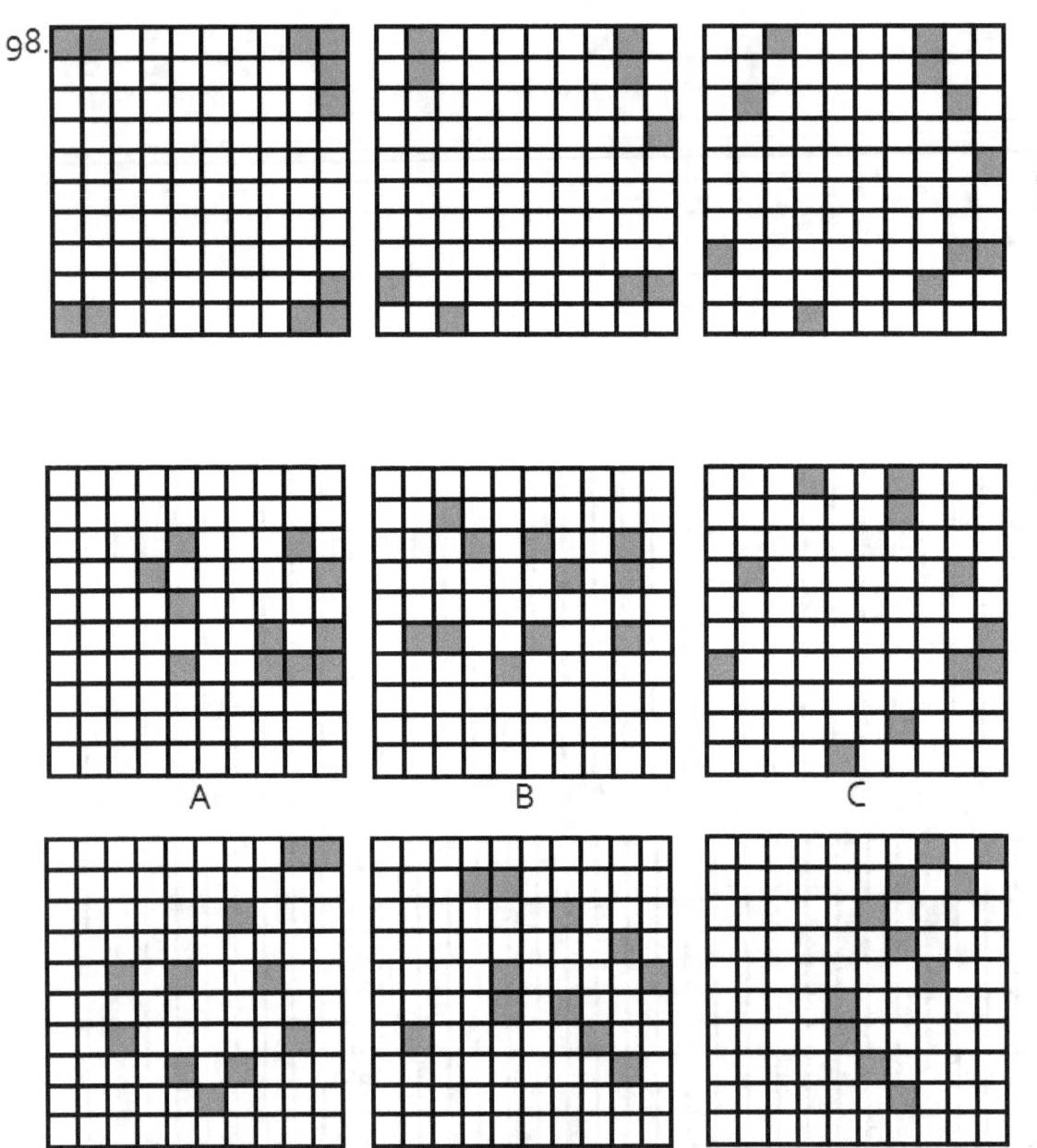

99.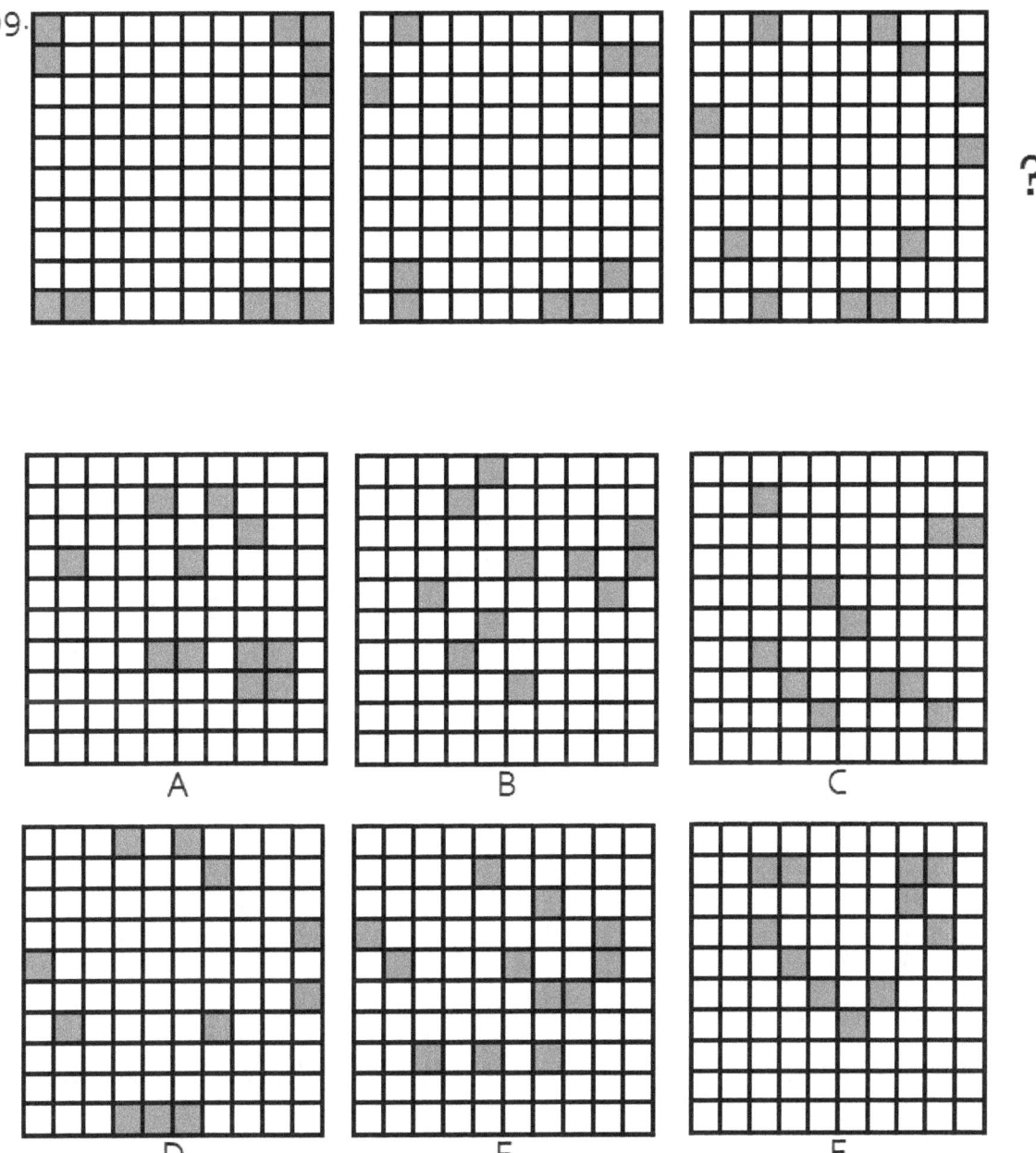

100

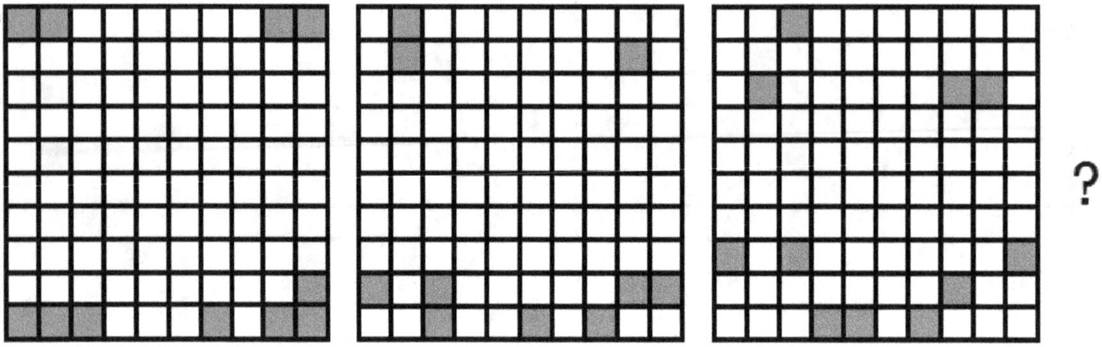

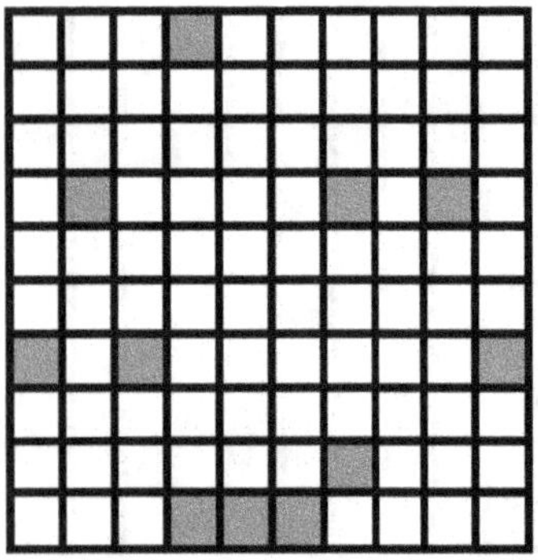

A

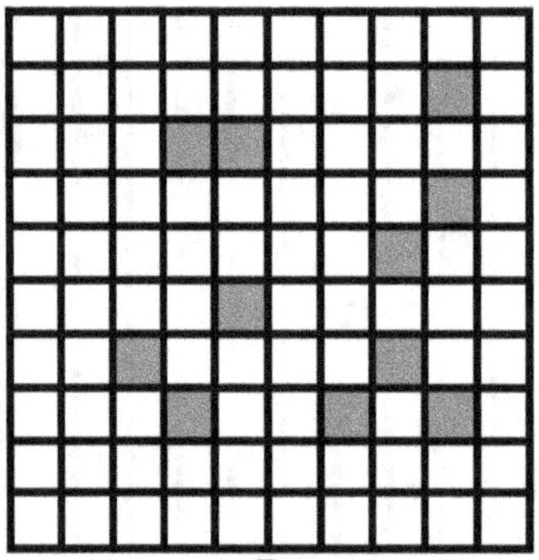

B

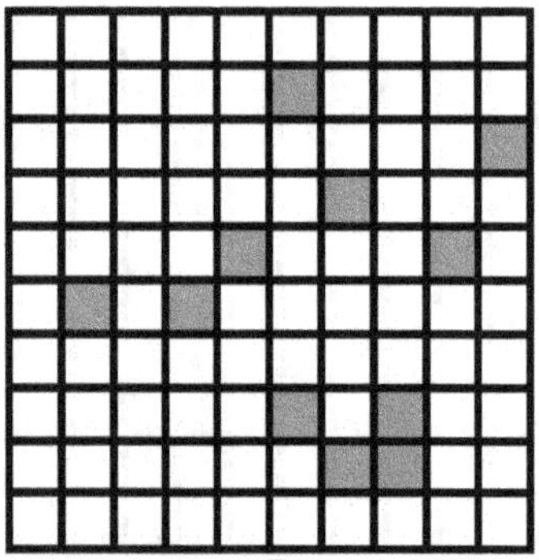

C

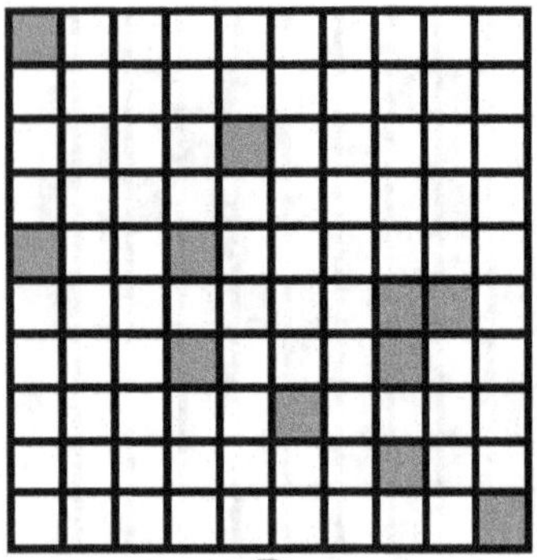

D

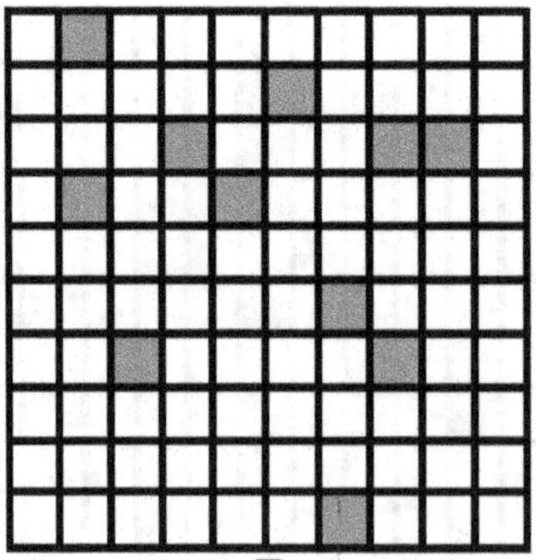

E

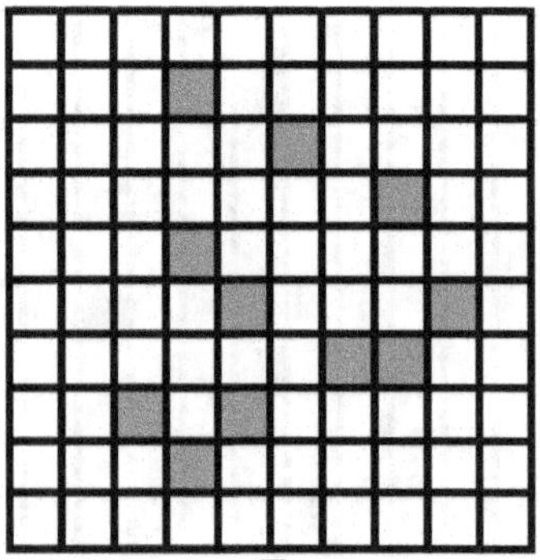

F

ANSWERS

1B
2D
3F
4E
5A
6C
7D
8B
9E
10F
11D
12A
13B
14C
15E
16F
17A
18B
19D
20C
21E
22A
23F
24D
25C

29F
30D
31B
32C
33A
34D
35F
36B
37D
38C
39A
40E
41B
42F
43D
44A
45C
46E
47A
48B
49F
50D
51C
52A
53E
54B

58D
59B
60C
61E
62A
63F
64C
65D
66A
67E
68B
69C
70A
71F
72D
73E
74B
75B
76A
77C
78D
79F
80E
81A
82B
83C

87B

88C

89E

90A

91B

92D

93F

94C

95A

96B

97E

98C

99D

100A

www.ingramcontent.com/pod-product-compliance
Lightning Source LLC
Chambersburg PA
CBHW080306180526
45167CB00006B/2689